福建省VR/AR行业职业教育指导委员会
中国·福建VR产业基地系列规划教材

Unity 3D VR/AR 程序开发设计

主 编 李智艺 李 楠

北京理工大学出版社
BEIJING INSTITUTE OF TECHNOLOGY PRESS

版权专有　侵权必究

图书在版编目（CIP）数据

Unity 3D VR/AR 程序开发设计 / 李智艺，李楠主编. —北京：北京理工大学出版社，2018.10（2022.2 重印）

ISBN 978-7-5682-6392-4

Ⅰ. ①U…　Ⅱ. ①李…②李…　Ⅲ. ①游戏程序-程序设计　Ⅳ. ①TP311.5

中国版本图书馆 CIP 数据核字（2018）第 223950 号

出版发行 / 北京理工大学出版社有限责任公司
社　　址 / 北京市海淀区中关村南大街 5 号
邮　　编 / 100081
电　　话 / （010）68914775（总编室）
　　　　　（010）82562903（教材售后服务热线）
　　　　　（010）68948351（其他图书服务热线）
网　　址 / http：//www.bitpress.com.cn
经　　销 / 全国各地新华书店
印　　刷 / 雅迪云印（天津）科技有限公司
开　　本 / 889 毫米 × 1194 毫米　1/16
印　　张 / 11　　　　　　　　　　　　　　　　　责任编辑 / 王艳丽
字　　数 / 345 千字　　　　　　　　　　　　　　文案编辑 / 王艳丽
版　　次 / 2018 年 10 月第 1 版　2022 年 2 月第 4 次印刷　　责任校对 / 周瑞红
定　　价 / 56.00 元　　　　　　　　　　　　　　责任印制 / 施胜娟

图书出现印装质量问题，请拨打售后服务热线，本社负责调换

福建省 VR/AR 行业职业教育指导委员会

主　　任：俞　飚　　网龙网络公司副总裁、福州软件职业技术学院董事长
副 主 任：俞发仁　　福州软件职业技术学院常务副院长
秘 书 长：王秋宏　　福州软件职业技术学院副院长
副秘书长：陈媛清　　福州软件职业技术学院鉴定站副站长
　　　　　　林财华　　网龙普天公司副总经理
委　　员：陈宁华　　福建幼儿师范高等专科学校现代教育技术中心主任
　　　　　　刘必健　　福建农业职业技术学院信息技术系主任
　　　　　　李瑞兴　　闽江师范高等专科学校计算机系主任
　　　　　　孙小丹　　福州职业技术学院副教授
　　　　　　张清忠　　黎明职业大学教师
　　　　　　伍乐生　　漳州职业技术学院专业主任
　　　　　　孙玉珍　　漳州城市职业学院系副主任
　　　　　　胡海锋　　闽西职业技术学院信息与网络中心主任
　　　　　　谢金达　　湄洲湾职业技术学院信息工程系主任
　　　　　　林世平　　宁德职业技术学院副院长
　　　　　　黄　河　　福建工业学校教师
　　　　　　张剑华　　集美工业学校高级实验师
　　　　　　卢照雄　　三明市农业学校网管中心主任
　　　　　　鄢勇坚　　南平机电职业学校校办主任
　　　　　　杨萍萍　　福建省软件行业协会秘书长
　　　　　　鲍永芳　　福建省动漫游戏行业协会秘书长
　　　　　　黄乘风　　神舟数码（中国）有限公司福州分公司总监
　　　　　　曲阜贵　　厦门布塔信息技术股份有限公司艺术总监

中国·福建 VR 产业基地系列规划教材编写委员会

主　任：俞发仁

副主任：刘东山　林土水　林财华　蔡　毅

委　员：李榕玲　李宏达　刘必健　丁长峰　李瑞兴
　　　　练永华　江　荔　刘健炜　吴云轩　林振忠
　　　　蔡尊煌　黄　臻　郑东生　李展宗　谢金达
　　　　苏　峰　陈　健　马晓燕　田明月　陈　榆
　　　　曹　纯　黄　炜　李燕城　张师强　叶昕之

Preface
Unity 3D VR/AR 程序开发设计

前 言

近几年，中国游戏产业正呈现出一片欣欣向荣的繁荣景象，当下越来越多的游戏已经无法满足广大消费者的需求，玩家更青睐于画面精良、玩法新颖、安装包小巧、游戏加载快的高品质游戏，尤其是移动平台游戏。大家耳熟能详的《王者荣耀》《炉石传说》等都是非常火爆和赚钱的游戏。当然，我们同样不能忽略 VR/AR 产业的崛起。伴随着各大厂商的加入，如 HTC Vive、三星 GearVR、微软 Hololens、苹果 ARkit 等，使得 VR/AR 开发变得简便，随着越来越多的大公司和创业团队进入 AR/VR 领域，AR/VR 开发人才的需求量也越来越大。

Unity 是由 Unity Technologies 公司开发的专业虚拟交互式引擎，在游戏引擎市场占有率居世界首位。Unity 引擎目前支持平台达到 23 个，强大的跨平台能力也是 Unity 的优势。在面向 VR/AR 的开发工具中，Unity 3D 无疑是目前支持设备平台最广、扩展性最强的工具之一。

本书内容涵盖 Unity 3D 的基础入门知识以及进行 VR/AR 开发所必须掌握的 Unity 3D 技能，内容对零基础的新手开发者也十分适用。本书是理论加实战的方式，前面几章从基础知识到进阶技能，后面几章结合案例进行实战。本书共分 16 章。第 1 章认识 Unity 引擎，能够更好地帮助初学者了解引擎的制作流程及应用软件；第2章 Unity 开发案例介绍，通过了解案例可以提高学生学习的积极性；第3章软件安装，包括 Unity 软件的安装、环境的配置等；第4章 Unity 编辑器，介绍 Unity 的操作界面、基础操作和使用；第5章创建基本的 3D 游戏场景，通过制作一个简单的游戏场景来学习 Unity 的基本操作；第6章资源导入导出流程，主要介绍资源在 Unity 中的使用；第7章游戏对象、组件和 Prefabs；第8章 Mecanim 动画系统，讲解 Unity 的动画系统，包括动画的控制、状态机的使用；第9章物理系统，学习 Unity 的刚体、碰撞器等；第10章 Unity 脚本开发基础，介绍 C# 基础、Unity 脚本常用接口学习；第11章输入与控制，介绍键盘鼠标的输入、移动端触摸屏的输入；第12章 UGUI 开发，介绍 UGUI 常用 UI 控件的学习和使用；第13章跨平台发布，介绍如何发布到 PC、Android 平台；第14章赛车游戏项目实战，介绍如何制作一款简单的赛车游戏；第15章 AR 小红军项目实战（基于 EasyAR SDK 的 AR 应用）；第16章 VR 虚拟样板间实战（基于谷歌 cardboard 的 SDK 的虚拟样板间）。

本教材由网龙网络有限公司和福州软件职业技术学院联合编写，编写过程中参考了许多国内外专家学者的优秀著作及文献，得到了福建省 VR/AR 行业职业教育指导委员会和北京理工大学出版社的大力支持，在此一并表示感谢。由于编者水平有限，教材中难免有所不足，欢迎广大读者批评指正！

编 者

第 1 章 认识 Unity 引擎

1.1 Unity 简介 / 002

1.2 Unity 发展史 / 002

1.3 Unity 5.6.0 的新特性 / 002

第 2 章 Unity 开发案例介绍

2.1 Unity 游戏介绍 / 006

2.2 Unity 非游戏应用 / 006

第 3 章 软件安装

第 4 章 Unity 编辑器

4.1 界面布局 / 012

    4.1.1 导航窗口 / 012

    4.1.2 界面布局 / 012

    4.1.3 界面定制 / 012

4.2 打开范例工程 / 013

4.3 工具栏 / 014

    4.3.1 Transform Tools（变换工具）/ 014

    4.3.2 Transform Gizmo Tools（变换辅助工具）/ 015

    4.3.3 Play（播放控制）/ 015

4.3.4 Layers（分层）/ 015

4.3.5 Layout（布局）/ 015

4.4 菜单栏 / 016

4.4.1 File（文件）菜单 / 016

4.4.2 Edit（编辑）菜单 / 016

4.4.3 Assets（资源）菜单 / 016

4.4.4 GameObject（游戏对象）菜单 / 016

4.4.5 Component（组件）菜单 / 017

4.4.6 Window（窗口）菜单 / 017

4.4.7 Help（帮助）菜单 / 017

4.5 常用工作视图 / 018

4.5.1 Project（项目）视图 / 018

4.5.2 Scene（场景）视图 / 018

4.5.3 Game（游戏）视图 / 019

4.5.4 Inspector（检视）视图 / 019

4.5.5 Hierarchy（层级）视图 / 019

4.5.6 Console（控制台）视图 / 020

4.5.7 Animation（动画）视图 / 020

4.5.8 Animator（动画控制器）视图 / 020

第 5 章 创建基本的 3D 游戏场景

5.1 创建游戏工程和场景 / 022

5.2 创建地形 / 023

5.2.1 编辑地形 / 023

5.2.2 添加树木和植被 / 026

5.2.3 添加水效果 / 027

5.3 创建光源和阴影 / 028

5.4 添加场景静态景物 / 028

5.5 创建第一人称角色控制器 / 030

5.6 创建物理阻挡 / 031

第 6 章　资源导入导出流程

6.1　外部资源的创建 / 034

6.2　Unity 资源导入流程 / 035

　　6.2.1　3D 模型、材质的导入 / 035

　　6.2.2　2D 图像的导入及设置 / 036

　　6.2.3　音频、视频的导入及设置 / 039

6.3　资源包的导出与导入 / 041

第 7 章　游戏对象、组件和 Prefabs

7.1　创建游戏对象和组件 / 044

7.2　常用组件介绍 / 045

7.3　创建 Prefabs / 046

　　7.3.1　创建和导入 Prefabs / 046

　　7.3.2　实例化 Prefabs / 047

第 8 章　Mecanim 动画系统

8.1　Mecanim 概述 / 050

8.2　Animator 组件 / 050

　　8.2.1　Animator Controller / 051

　　8.2.2　动画状态机 / 052

8.3　应用示例 / 055

第 9 章　物 理 系 统

9.1　概述 / 060

9.2　应用示例 / 060

9.3　物理系统相关组件及参数详解 / 063

　　9.3.1　Rigidbody 组件 / 063

　　9.3.2　Character Controller 组件 / 064

　　9.3.3　碰撞体组件 / 065

第 10 章　Unity 脚本开发基础

10.1　脚本介绍　/ 070

10.2　Unity 脚本语言　/ 070

10.3　创建并运行脚本　/ 070

　　10.3.1　创建脚本　/ 070

　　10.3.2　Visual Studio 2013 编辑器　/ 070

10.4　C# 基本语法　/ 071

10.5　访问游戏对象和组件　/ 074

　　10.5.1　MonoBehaviour 类　/ 074

　　10.5.2　访问游戏对象　/ 074

　　10.5.3　访问组件　/ 075

10.6　常用脚本 API　/ 077

　　10.6.1　Transform 组件　/ 077

　　10.6.2　Time 类　/ 078

第 11 章　输入与控制

11.1　Input Manager（输入管理器）　/ 080

11.2　鼠标输入　/ 080

11.3　键盘操作　/ 081

11.4　移动设备输入　/ 082

第 12 章　UGUI 开发

12.1　画布（Canvas）　/ 085

12.2　Rect Transform（矩形变换）　/ 085

12.3　锚点（Anchors）　/ 086

12.4　轴心点（Pivot）　/ 086

12.5　文本（Text）　/ 087

12.6　图像（Image）　/ 088

12.7　原始图像（Raw Image）　/ 088

12.8　按钮（Button）　/ 088

12.9 开关（Toggle） / 091
12.10 滑动条（Slider） / 092
12.11 滚动条（Scrollbar） / 093
12.12 输入栏（Input Field） / 094

第 13 章 跨平台发布

13.1 发布到 PC 平台 / 096
13.2 发布到 Android 平台 / 097
　　13.2.1 Java SDK 安装和环境配置 / 097
　　13.2.2 Android SDK 安装 / 099

第 14 章 赛车游戏项目实战

14.1 项目准备工作 / 104
　　14.1.1 新建 Unity 项目 / 104
　　14.1.2 导入 Unity 地形素材资源包 / 104
14.2 游戏场景搭建——地形编辑 / 104
14.3 赛道拼接 / 109
14.4 游戏界面制作 / 114
14.5 脚本实现功能 / 119
14.6 游戏发布 / 126

第 15 章 AR 小红军项目实战

15.1 项目介绍 / 130
15.2 EasyAR SDK 介绍 / 130
　　15.2.1 注册开发者账号 / 130
　　15.2.2 应用授权 / 130
　　15.2.3 SDK 下载使用 / 132
　　15.2.4 SDK 功能介绍 / 134
15.3 AR 小红军项目 / 137
　　15.3.1 项目准备工作 / 137

15.3.2 导入小红军模型 / 140

15.3.3 代码实现交互 / 141

15.3.4 小红军动画控制 / 142

15.3.5 添加音效 / 146

15.4 AR 小红军脱卡操作 / 147

第 16 章 VR 虚拟样板间实战

16.1 项目准备工作 / 154

16.2 准心点功能制作 / 155

16.3 开关门功能制作 / 156

16.4 室内漫游功能 / 158

16.5 播放钢琴曲 / 159

16.6 开关电视 / 160

16.7 交互物体添加发光效果 / 161

16.8 打包发布 / 164

第 1 章
认识 Unity 引擎

学习目标：
- 了解 Unity 游戏引擎
- 了解 Unity 的发展过程
- 了解 Unity 5.6.0 版本的新特性

  Unity 3D 是由 Unity Technologies 开发的一个让玩家轻松创建诸如三维视频游戏、建筑可视化、实时三维动画等类型互动内容的多平台综合型游戏开发工具，是一个全面整合的专业游戏引擎。Unity 类似于 Director、Blender Game Engine、Virtools 或 Torque Game Builder 等利用交互的图形化开发环境为首要方式的软件，其编辑器运行在 Windows 和 Mac OS X 下，可发布游戏至 Windows、Mac、Wii、iPhone、WebGL（需要 HTML5）、Windows Phone 8 和 Android 平台。Unity 也可以利用 Unity Web Player 插件发布网页游戏，支持 Mac 和 Windows 的网页浏览，它的网页播放器也被 Mac 所支持。

※ 1.1 Unity 简介

Unity 3D 是由 Unity Technologies 开发的一个让玩家轻松创建诸如三维视频游戏、建筑可视化、实时三维动画等类型互动内容的多平台综合型游戏开发工具，是一个全面整合的专业游戏引擎。随着这几年的发展，Unity 由当初的 3D 手游慢慢延伸到端游、页游、Web 等，还有一些 3D 的商业应用软件和近几年兴起的 AR/VR 领域，Unity 都提供了很好的支持。

※ 1.2 Unity 发展史

2004 年 Unity 诞生于丹麦的阿姆斯特丹，2005 年将总部设在了美国的旧金山，并发布了 Unity 1.0 版本。起初它只能应用于 Mac 平台，主要针对 Web 项目和 VR（虚拟现实）的开发。这时它并不起眼，直到 2008 年推出 Windows 版本，并开始支持 iOS 和 Wii，它才逐步从众多的游戏引擎中脱颖而出，并顺应移动游戏的潮流而变得炙手可热。2009 年的时候，Unity 的注册人数已经达到 3.5 万，荣登 2009 年游戏引擎的前五名。2010 年，Unity 开始支持 Android，并继续扩散其影响力，在 2011 年开始支持 PS3 和 XBOX360，此时可看作全平台的构建完成。

如此的跨平台能力很难让人再挑剔，尤其支持当今最火的 Web、iOS 和 Android。另外，据国外媒体"游戏开发者"调查，Unity 是开发者使用最广泛的移动游戏引擎，有 53.1% 的开发者在使用，同时在游戏引擎功能哪些最重要的调查中，"快速的开发时间"排在了首位，很多 Unity 用户认为这款工具易学易用，一个月就能基本掌握其功能。而目前，这款引擎的注册人数已经井喷般增长到了 80 万，其中移动游戏支撑了 Unity 公司近一半的利润。目前用 Unity 制作的游戏比较出名的有《王者荣耀》《炉石传说》《崩坏学院》《天天飞车》等。

※ 1.3 Unity 5.6.0 的新特性

1. 大量光照方面的提升

Unity 5.6.0 包括 Progressive Lightmapper 预览版，与当前的 Enlighten 解决方案相比，在你尝试不同的光照场景时可以提供即时反馈，并且迭代速度更快。Unity 5.6.0 还提供光照模式（Light Modes），为静态和动态对象提供各种实时和烘焙光照的混合方式。

2．改进的图形性能

GPU 实例提高了对程序实例的支持，以非常低的成本实现了许多同类对象构成的新类型特效，而随着 Compute Shader for Metal 的添加，现在可以通过利用 Apple iOS 和 MacOS 上的芯片组的原始功能，为游戏添加更多细节。

3．支持 Vulkan

Vulkan 的支持提高速度，同时减少驱动程序开销和 CPU 工作负载；这让 CPU 可以自由地进行额外的计算或渲染，并节省了移动平台的电池寿命。

4．粒子系统的大量更新

Unity 5.6.0 大大扩展了粒子特效的范围，给用户提供了更多的选择和控制。这次更新也显著地提高了粒子系统的性能。

5．新的视频播放器

新的多平台播放器可以播放 4K 视频，允许开发者去构建一个 360°视频的 VR 体验。

6．导航系统的改进

改进 AI 和 Pathfinding 工具（也称为 NavMesh 系统）扩展了操作多个导航网格和代理的可能性。而且，用于程序生成或动态加载内容的新工具可以为角色导航提供全新的用例集和程序选项。

7．新的 2D 工具和改进

Unity 5.6.0 添加了一整套 2D 产品特点，为用户带来更多的控制，并使创建复杂的 2D 对象变得更简单。新的产品在 2D 物理方面启用新类型的游戏设置和特效，包括功能齐全的粒子特效和 2D 对象的交互。

8．TextMesh Pro

TextMesh Pro 是在 Unity Asset Store 中，最优秀的工具之一，现在可以免费供 5.3 或者其更高的版本用户使用，很快将会被整合到 Unity 中。TextMesh Pro 的高级文本呈现出带有动态视觉文本的样式，也大大提高了对文本格式和布局的控制。

9．性能报告和调试的改进

除异常报告外，性能报告现在为 iOS 收集原生崩溃。物理调试可视化和分析器的改进使得在游戏中找到性能问题的根源变得更加容易。

10．新的平台

在 Unity 5.6.0 中，可以无缝地发布到 Facebook Gameroom、Goolge DayDream 和 CardBoard 以及 Android 和 iOS。任天堂的 Switch 现在也可

以支持。

11. Unity Collaborate（测试版）

添加新的选择，在发布更改时可更好地控制合作项目。

12. 试验性地支持 WebAssembly

在 Unity 5.6.0 中，可以试验性地支持 WebAssembly，这是一项新的跨浏览器技术，旨在帮助提高 Unity WebGL 的体验性。

第 2 章
Unity 开发案例介绍

学习目标:
- 了解 Unity 在游戏领域的成就及产品
- 了解 Unity 在非游戏领域的成功案例

Unity 面世之后,又诞生了很多好的 Unity 引擎开发的游戏作品和商业软件,尤其是手机端的 3D 游戏。本章带领大家了解一下 Unity 在游戏领域和非游戏领域的一些应用。除了一些大家耳熟能详的游戏,像《王者荣耀》《炉石传说》等,还有一些跟 VR、AR 和体感设备相关的有趣的应用。

※ 2.1 Unity 游戏介绍

世界各地的开发者已经通过 Unity 取得了巨大的成功，目前市面上比较火的几款 Unity 游戏有《王者荣耀》《炉石传说》《崩坏学院》《纪念碑谷》等。

1.《王者荣耀》

《王者荣耀》是由腾讯游戏开发并运行的一款运营在 Android、iOS 平台上的 MOBA 类手机游戏，游戏是类 Dota 手游，游戏中的玩法以竞技对战为主，玩家之间进行 1V1、3V3、5V5 等多种方式的 PVP 对战，还可以参加游戏的冒险模式，进入 PVE 的闯关模式，在满足条件后可以参加游戏排位赛等。《王者荣耀》日活跃用户从 450 万到 5 000 万，仅仅用了一年时间，用户注册数量达到了 2 亿，如图 2.1 所示。

图 2.1　王者荣耀

2.《炉石传说》

《炉石传说》手游版是暴雪公司用 Unity 引擎开发的一款 2D 卡牌类对战游戏（图 2.2），是把 PC 端的炉石移植到了手机端，游戏的背景音乐十分轻松、悠扬，充满了浓郁的魔兽情怀，游戏中每次操作都有相应的台词配音，细节十分到位，音效可谓上乘。作为一款纯正的卡牌游戏，游戏核心玩法源自早年的魔兽卡牌 TCG，并且加快了节奏、简化了规则。游戏共有九大职业，每个职业根据套牌组合还能衍生出许多有趣的打法流派，可玩性极高。《炉石传说》在数据上实现了与 PC 互通，玩家在游戏中可以选择多种模式，如对战模式、练习模式、竞技模式等，获选 App Store 年度优秀游戏、游戏奥斯卡 TGA2014 年度最佳以及十大最受期待网络游戏等。

图 2.2　炉石传说

※ 2.2 Unity 非游戏应用

近几年 Unity 在非游戏领域的应用也越来越广泛，很多涉及 3D 场景的商业软件也会使用 Unity，如一些 3D 仿真软件（变电站，电信机房等）、地产应用方向的售楼宝（小区楼盘展示）、3D 智能家居展厅，还有近几年兴起的 VR/AR 领域，如 VR 看房、VR 教学、VR 培训、VR 仿真等，让人沉浸在虚拟的世界中，如图 2.3 所示。

图 2.3　VR 样板间

第3章
软件安装

学习目标：
- 学会 Unity 的安装过程
- 注册 Unity 账号，授权服务

随着近几年的发展，Unity 更新越来越快，版本也越来越多，最新的已经到 2017.2 版本了。Unity 发布了两种类型的安装包，分别针对 Windows 和 Mac OS X 两个主流平台。用户可以根据自己的平台下载适合自己的版本。在下载 Unity 安装程序后进行在线安装，或者下载 Unity 编辑器（32 位或 64 位）离线安装。在授权方面，Unity 提供给开发者的有免费版、收费版、专业版和定制化版本。用于学习，只需使用个人的免费版本就可以了。

这里仅介绍在 Windows 下的安装。

用浏览器打开 Unity 官方的下载地址：

https://store.unity.com/cn/?_ga=2.95211676.1238069475.1510727317-760501657.1508134031

选择个人免费版，如图 3.1 所示，进入下载个人版本界面，找到 Unity 旧版本，如图 3.2 所示。

图 3.1　个人免费版　　　　图 3.2　旧版本

本书使用的是 Unity 5.6.0 版本，所以这里找到 Unity 5.x 版本，如图 3.3 所示。

图 3.3　Unity 5.x

找到 Unity 5.6.0，以安装程序为例，现在下载 Unity 安装程序，这里下载的是 Windows 平台的，如图 3.4 所示。如果是苹果电脑则下载右边的 Mac 版本。

图 3.4　Unity 安装程序

下载完成后，双击安装程序开始安装，安装步骤如图 3.5～图 3.10 所示。

第3章　软件安装

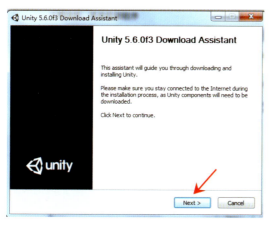

图 3.5　安装 Unity 5.6.0（一）

图 3.6　安装 Unity 5.6.0（二）

选择适合自己电脑的版本，这里安装的是 64 位的，如图 3.7 所示。可以通过右击"我的电脑"，选择快捷菜单中的"属性"命令，来查看自己电脑的操作系统位数。

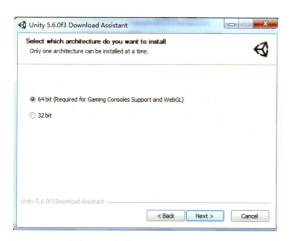

图 3.7　安装 Unity 5.6.0（三）

选择需要安装的工具包，如图 3.8 所示，这里介绍几个工具包。Unity 5.6.0f3 是 Unity 的编辑器，Standard Assets 是官方的一些资源，Microsoft Visual Studio Community 2017 是脚本编辑、调试工具，Android Build Support 是生成安卓包需要的模块，下面还有其他平台的模块，可以根据自己的项目需要选择相应的工具包。这里没安装也没关系，在需要时重新运行安装程序也可以安装。

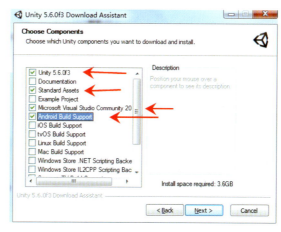

图 3.8　安装 Unity 5.6.0（四）

选择安装路径，如图 3.9 所示，最好不要安装在中文目录下，这是安装很多国外软件都会提到的。

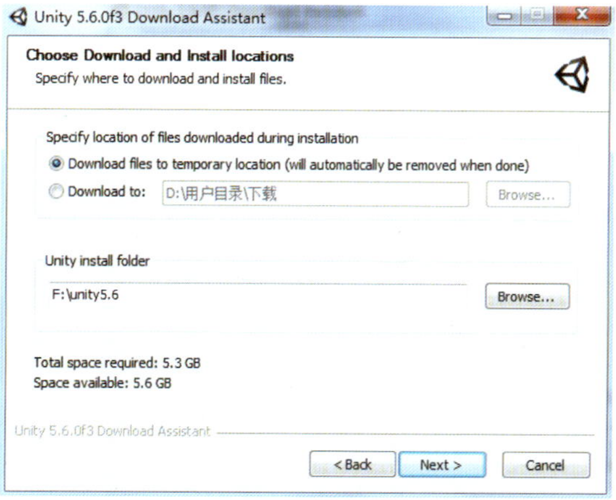

图 3.9　安装 Unity 5.6.0（五）

勾选"I accept the terms of the License Agreement"复选框，如图 3.10 所示。这里是安装微软的 VS2017，主要是用来编写代码和调试用的，当然这个不安装也没问题，Unity 自带了一个脚本的编辑调试工具 MonoDevelop。

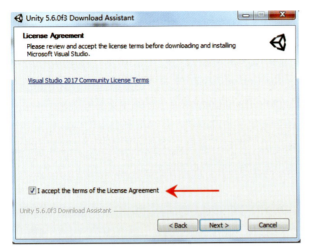

图 3.10　安装 Unity 5.6.0（六）

单击"Next"按钮就会自动安装了，安装过程中有些电脑缺少一些库或者组件，Unity 会自动帮助在线下载。安装完成后，单击 Unity.exe 文件，打开 Unity 的登录界面，如图 3.11 所示，输入账号和密码就可以正常使用 Unity 了，账号和密码可以到 Unity 官网注册。第一次登录时需要授权，跟着提示一步步往下走即可。记得要选择个人免费版本。

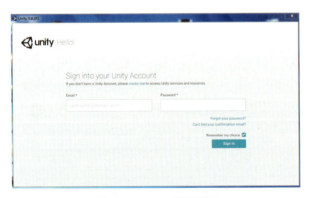

图 3.11　Unity 登录界面

第4章
Unity 编辑器

学习目标：
- 了解 Unity 的基本功能
- 掌握工具栏、菜单栏的使用
- 了解常用工作视图的功能和使用

Unity 拥有非常直观、明了和人性化的界面布局，而且用户可以根据需要自己调整各个窗体的布局。当然要想学习 Unity，首先应该熟悉的就是软件的基本窗口、工具栏、操作方式等。本章将带大家熟悉一下 Unity 各个界面的主要功能。

※ 4.1 界面布局

4.1.1 导航窗口

运行 Unity 应用程序，打开导航窗口，如图 4.1 所示。下面介绍导航窗口的几个选项功能。

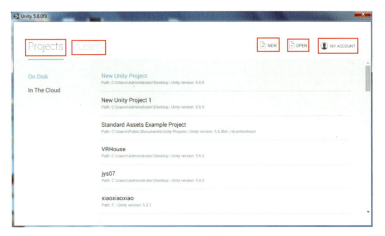

图 4.1　导航窗口

Projects：通过该选项可以查看近期打开和创建的项目工程，直接单击 Projects 就可以打开 Unity 编辑器。

Learn：该选项里包含了 Unity 的一些介绍、案例、教程、资源等。

NEW：新建 Unity 工程。

OPEN：打开已有的工程。

MY ACCOUNT：账号登录管理。

4.1.2 界面布局

Unity 的主界面如图 4.2 所示。

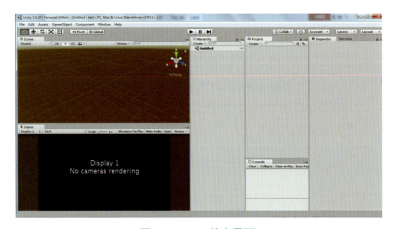

图 4.2　Unity 的主界面

Unity 主编辑器由若干个窗口组成，这些窗口统称为视图，每个视图有特定的功能，下面简单介绍各个视图的功能。

场景视图（Scene View）：用于设置场景以及放置游戏对象，是构造游戏场景的地方。可以通过该窗口对场景中的对象进行操作（如位置、旋转、缩放等）。

游戏视图（Game View）：由场景中相机渲染呈现的画面，是玩家最终看到的游戏画面，可以调整 Game View 的分辨率，用来查看画面在不同分辨率下屏幕的效果。

层级视图（Hierarchy）：用于显示当前场景中所有游戏对象的层级关系。

项目视图（Project）：整个工程中所有可用的资源，如模型、音效、UI 贴图等，从外部导入的资源都是放在项目视图下。

检视视图（Inspector）：用于显示当前所选的游戏对象的属性和信息，不同的游戏对象会有不同的组件信息。

控制台窗口（Console）：用于输出项目中的一些错误、警告信息，以及开发者在代码中打印的一些标识信息。

性能分析窗口（Profiler）：显示游戏运行中的一些实时性能参数，如内存、CPU、显卡等，可以让开发者很方便地查看哪些地方消耗性能大，方便后续优化。

4.1.3 界面定制

Unity 的编辑界面很人性化，为用户提供了可选界面布局和自定义布局，在 Unity 主界面的右上角有 Layout 选项，通过它可以选择 Unity 提供的几种布局，如图 4.3 所示，也可以拖动各个视图到自己喜欢的位置，然后保存自设的界面布局（Save Layout）。

选择项目案例路径，指定到该目录即可，选择"Standard Assets Example Project"选项，单击"选择文件夹"按钮，如图 4.5 所示。

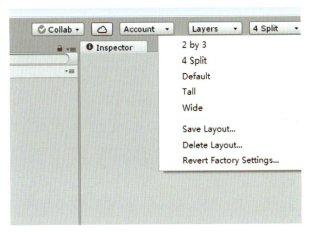

图 4.3　界面布局

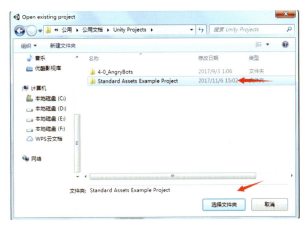

图 4.5　打开项目

可能会提示使用的 Unity 版本与项目工程使用的 Unity 版本不一致，这里直接单击"Continue"（继续）按钮，如图 4.6 所示。

※ 4.2　打开范例工程

这里以打开 Unity 的范例工程为例进行介绍。如果安装 Unity 时选择 Example Project，安装完成后在目录 C:\Users\Public\Documents\Unity Projects 下会有一个 Unity 官方的案例工程可供参考，可以用 Unity 打开它。

首先打开 Unity 导航窗口，如图 4.4 所示，左上角有 Projects（近期打开的工程）、Learn（学习页面），右上角有 NEW（新建工程）、OPEN（打开已有工程）。

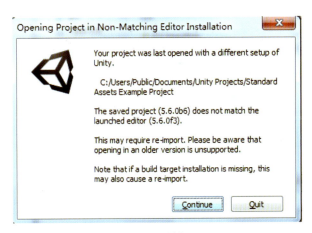

图 4.6　继续打开

项目打开后如图 4.7 所示，里面包含了很多 Unity 官方案例，在 Project 窗口下面的 SampleScenes → Scenes 目录下面，可以通过双击所选文件打开场景，然后运行游戏体验一下。

图 4.4　Unity 导航窗口

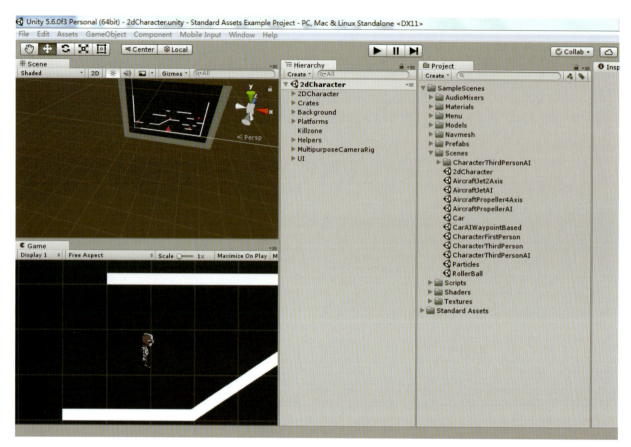

图 4.7 示例工程

※ 4.3 工具栏

Unity 的工具栏在菜单栏的下面，它主要由五部分组成，包括 Transform Tools（变换工具）、Transform Gizmo Tools（变换辅助工具）、Play（播放控制）、Layers（分层下拉列表）、Layout（布局下拉列表），如图 4.8 所示。

图 4.8 工具栏

4.3.1 Transform Tools（变换工具）

如图 4.9 所示，它主要是针对场景编辑窗口，用来对场景中的对象进行操作，从左到右分别是 Hand（手形）工具、Translate（移动）工具、Rotate（旋转）工具、Scale（缩放）工具和 Rect（矩形）工具。

图 4.9　变换工具

Hand（手形）工具：快捷键 Q。选中手形工具，在 Scene 场景中按住鼠标左键可以拖动整个场景视角；按住键盘上的 Alt 键，再通过按住鼠标左键可以旋转场景视角；按住键盘上的 Alt 键，通过鼠标右键可以缩放场景视角，鼠标滚轮也可以实现该效果。

Translate（移动）工具：快捷键 W。选中移动工具，在 Scene 场景中选择一个物体，会出现红、绿、蓝 3 个轴，分别代表坐标轴 X、Y、Z 方向，按住指定轴可以拖动物体，改变物体的位置。

Rotate（旋转）工具：快捷键 E。选中旋转工具，会出现一个球形，也是有红、绿、蓝 3 个轴，用来控制物体在 X、Y、Z 这 3 个方向上的旋转。

Scale（缩放）工具：快捷键 R。用于缩放场景中的对象，也是有红、绿、蓝 3 个轴向，用来控制 3 个方向上的缩放，中间有一个白色方块，用来等比例缩放对象。

Rect（矩形）工具：快捷键 T。用于对 2D 对象的缩放、UI 界面等。

4.3.2　Transform Gizmo Tools（变换辅助工具）

如图 4.10 所示。

图 4.10　变换辅助工具

（1）Center 和 Pivot：显示游戏对象的轴心参考点。Center 是以所有选中物体所组成的轴心作为游戏对象的参考点；Pivot 是以最后一个选中的游戏对象的轴心作为参考点。

（2）Global 和 Local：显示物体的坐标。Global 表示使用世界坐标系；Local 表示使用对象自身的坐标系。

4.3.3　Play（播放控制）

如图 4.11 所示，从左到右分别是播放（运行）、暂停、下一帧，方便开发者进行调试。

图 4.11　播放工具

4.3.4　Layers（分层）

如图 4.12 所示，该工具是用来控制游戏对象在 Scene 中的显示，所有场景中的对象都是可以分层的，默认是 Default 层，在这里可以选择场景中显示哪些层的对象。

图 4.12　分层下拉列表框

4.3.5　Layout（布局）

如图 4.13 所示，用来让开发者选择页面布局或者自定义编辑窗口各个视图的布局。

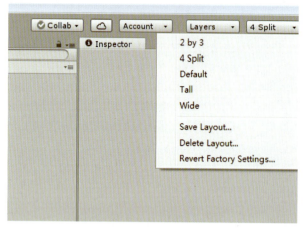

图 4.13 布局下拉列表框

※ 4.4 菜单栏

菜单栏集成了 Unity 的所有功能，通过菜单栏可以对 Unity 各项功能有一个直观、清晰的了解。其包括 File、Edit、Assets、GameObject、Component、Mobile Input、Window 和 Help 几部分，如图 4.14 所示。

图 4.14 菜单栏

4.4.1 File（文件）菜单

File（文件）菜单主要包含工程与场景的创建、保存和打开等功能以及游戏的发布等，如图 4.15 所示。

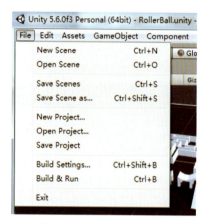

图 4.15 File（文件）菜单

4.4.2 Edit（编辑）菜单

Edit（编辑）菜单主要用来实现场景内部的相应编辑设置，如图 4.16 所示。

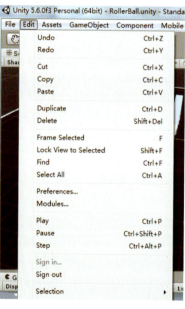

图 4.16 Edit（编辑）菜单

4.4.3 Assets（资源）菜单

Assets（资源）菜单如图 4.17 所示。它提供了针对游戏资源管理的相关工具，通过 Assets 菜单可以创建资源文件，如材质、脚本等，还可以导入外部的 Unity 资源包，导出项目中的资源、场景等。

图 4.17 Assets（资源）菜单

4.4.4 GameObject（游戏对象）菜单

GameObject（游戏对象）菜单主要创建游戏对象，如灯光、粒子、模型、UI等，了解GameObject菜单可以更好地实现场景内部的管理与设计，如图4.18所示。

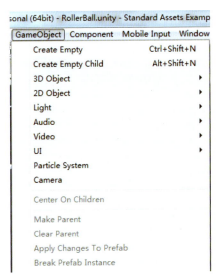

图4.18 游戏对象菜单

4.4.5 Component（组件）菜单

Component（组件）菜单可以实现GameObject的特定属性，本质上每个组件是一个类的实例，在Component菜单中，Unity为用户提供了多种常用的组件资源，如跟物理引擎相关的组件、导航组件、音频组件等，如图4.19所示。

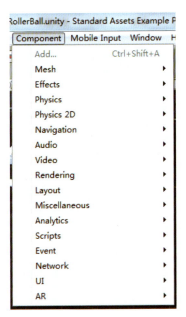

图4.19 组件菜单

4.4.6 Window（窗口）菜单

Window（窗口）菜单可以控制编辑器的界面布局，可以打开其他一些功能窗口，如性能分析窗口、控制台窗口、动画控制器等，如图4.20所示。

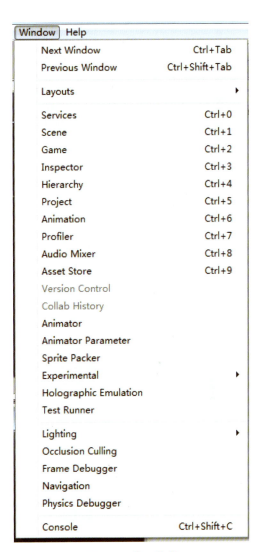

图4.20 窗口菜单

4.4.7 Help（帮助）菜单

Help（帮助）菜单汇聚了Unity的相关资源链接，如Unity手册、脚本参考、论坛等，如图4.21所示。

图 4.21　Help 菜单

夹，Assets 文件夹是用来存放用户所创建的对象和导入的资源，并且这些资源是以文件夹的方式来组织的，用户可以直接将资源拖入 Project 视图中或是依次使用菜单栏的 Assets Import New Assets 命令将资源导入。

图 4.22　Project 视图

※ 4.5　常用工作视图

熟悉并掌握各种视图操作是学习 Unity 的基础，下面介绍 Unity 常用工作视图的界面布局及其相关操作。

4.5.1　Project（项目）视图

Project（项目）视图是 Unity 整个项目工程的资源汇总，保存了游戏场景中用到的脚本、材质、字体、贴图、外部导入的网格模型等资源文件。在 Project 视图中左侧面板是显示该工程的文件夹层级结构，如图 4.22 所示。当某个文件夹被选中后，会在右侧的面板中显示该文件夹中所包含的资源内容。各种不同的资源类型都有相应的图标来标识，方便用户识别。

每个 Unity 项目文件夹都会包含一个 Assets 文件

4.5.2　Scene（场景）视图

Scene（场景）视图是场景编辑窗口，如图 4.23 所示。用户可以在该窗口编辑游戏场景，可以通过把资源直接拖曳到场景里，利用 Scene 窗口上的工具栏对场景里的对象进行拖动、旋转、缩放等操作。Scene 视图有一些基本的操作，可以通过按住鼠标右键移动鼠标来旋转场景视角；滚动鼠标滚轮键来拉近或拉远场景视角；按住鼠标左键移动鼠标来移动整个场景视角。

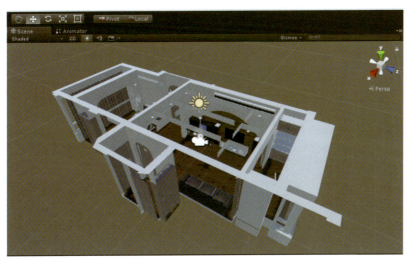

图 4.23 场景视图

4.5.3 Game（游戏）视图

Game（游戏）视图是玩家最终看到的画面，也是游戏最终渲染的画面。如图 4.24 所示，Game 视图显示的内容是由场景里的相机看到的内容决定的。若场景里有多个相机也可以实现多个画面的叠加。使用该视图左上角的 1920×1080 可以调整分辨率，方便开发者观察在不同屏幕分辨率下游戏画面的显示情况。

图 4.24 Game 视图

4.5.4 Inspector（检视）视图

Inspector（检视）视图可以理解为对象的属性窗口，该视图显示的是对象的详细信息和属性设置，包括名称、位置信息、旋转信息和其他一些组件的详细信息。用户可以在检视视图查看和修改某个游戏对象的详细信息。如图 4.25 所示，该对象是平行光（Directional Light），对象上除了有表示位置、旋转、缩放的 Transform 组件外，还有平行光的组件 Light，Light 组件下面有很多属性，使用这些属性可以很直观地查看和修改，从而得到需要的效果。

图 4.25 检视视图

4.5.5 Hierarchy（层级）视图

Hierarchy（层级）视图包括所有在当前游戏场景的 GameObject。如图 4.26 所示，其中有像 3D 模型的直接实例、Prefabs、自定义对象的实例，这些便是游戏的组成部分。可以在层级面板中选择和拖曳一个对象到另一个对象上来创建父子级。在场景中添加和删除对象时，它们会在层级面板中出现或消失。该视图方便管理场景里的游戏对象。

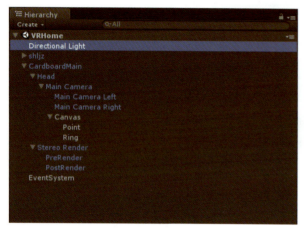

图 4.26　Hierarchy 视图

4.5.6　Console（控制台）视图

Console（控制台）视图是 Unity 调试工具，项目中的任何错误、消息和警告 Unity 都会帮我们在该视图中显示出来，不管是资源问题还是代码问题，都会明确帮我们标出是哪个资源哪行代码出错了，方便开发者查错。开发者在写代码的时候，也可以自己在代码里加点输出 Log，方便调试。用户可以依次选择菜单栏中的 Window → Console 命令或者按 Ctrl+Shift+C 组合键来打开 Console 视图，如图 4.27 所示。

图 4.27　控制台视图

4.5.7　Animation（动画）视图

Animation（动画）视图是用来编辑游戏对象的动画剪辑（Animation Clips），用户可以先选中要编辑的对象，然后按 Ctrl+6 组合键或者选择菜单栏上的 Window → Animation 命令来打开 Animation 视图。在该窗口可以添加自己需要的属性，如图 4.28 所示。

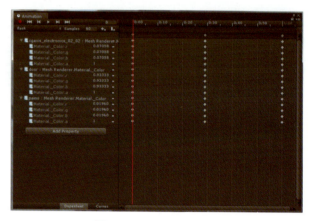

图 4.28　Animation 视图

4.5.8　Animator（动画控制器）视图

Animator（动画控制器）视图可以用来预览和设置角色行为，用户可以在该窗口制作动画状态机、设置动画间的过渡等，方便用户管理动画，如图 4.29 所示。

图 4.29　Animator 视图

第 5 章
创建基本的 3D 游戏场景

学习目标:
- 掌握 Unity 工程和场景的创建
- 熟练掌握地形编辑工具
- 制作一个简单地形的场景
- 导入第三人称,制作一个简单游戏

场景对于一款 3D 游戏来说是非常重要的,精美的 3D 场景更能吸引用户。在 Unity 中用户可以编辑自己的游戏场景,可以创建一些简单的 3D 游戏模型,可以编辑地形,也可以导入外部的 3D 模型。本章将带大家通过地形编辑工具制作一个简单的 3D 游戏场景。

※ 5.1 创建游戏工程和场景

（1）启动 Unity 应用程序，新建一个工程，更改项目名称，选择项目的存放路径，单击 Create project 按钮。注意项目名称和存放路径中不要有中文出现，如图 5.1 所示。

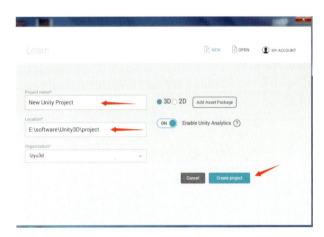

图 5.1 新建工程

（2）创建项目后，Unity 生成一个空的场景，里面包含一个主摄像机和一束平行光，这些在 Hierarchy 窗口中可以看到，如图 5.2 所示。

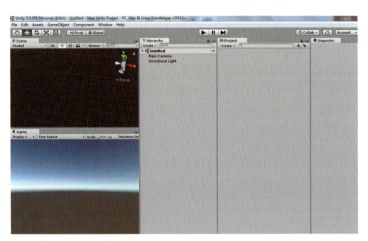

图 5.2 空场景

（3）在 Hierarchy 窗口中右键单击鼠标，选择快捷菜单中的 3D Object → Plane 命令创建一个平面，可以通过 Inspector 窗口的 Transform 组件来调整平面的位置。可以单击 Transform 组件右上角的齿轮图标按钮，选择 Reset 命令来重置 Transform 组件，让 Plane 在世界的中心，如图 5.3 所示。

图 5.3 重置 Plane 位置

（4）往场景里添加 3D 物体的另一种方法是通过菜单栏上的 GameObject → 3D Object 命令，如图 5.4 所示，用此方法往场景里添加 Cube、Sphere、Capsule，然后通过工具栏的移动工具来调整它们的位置，或者直接调整 Inspector 窗口中 Transform 组件上的 Position 属性。

图 5.4 菜单栏添加 3D 物体

（5）调整完成后的场景如图 5.5 所示，可以通过按键盘上的 Ctrl + S 组合键来保存场景，或者选择菜单栏上的 File → Save Scenes 命令来保存当前的场景，如图 5.6 所示。

（7）保存完场景后，会在 Project 窗口生成一个带 Unity 图标的场景对象，如图 5.8 所示，一个项目里可以有多个场景，不同场景间的切换只需要双击场景文件即可。

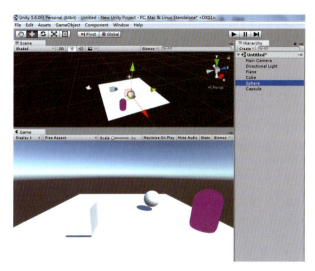

图 5.5　调整位置

图 5.8　场景文件

※ 5.2　创建地形

5.2.1　编辑地形

（1）首先导入地形需要的素材资源，Unity 官方提供了一份，只要在安装 Unity 时选择了 Standard Assets 工具包，就可以直接通过菜单栏的 Assets → Import Package → Environment 命令导入地形环境的素材包，如图 5.9 所示，如果没有这个命令，可以重新运行 Unity 的安装程序，单独安装 Standard Assets 资源包就可以了。

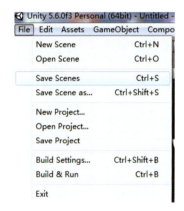

图 5.6　保存场景

（6）弹出 Save Scene 对话框，从中输入保存场景的名字，场景名字可以自己取，最好不要用中文，如图 5.7 所示。

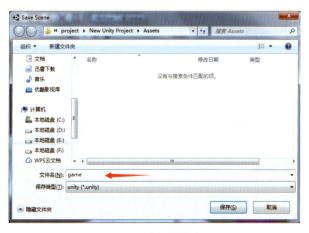

图 5.7　为场景命名

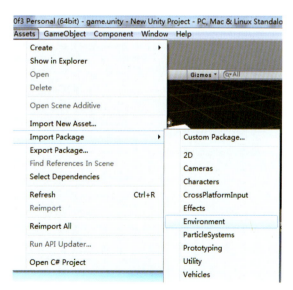

图 5.9　导入地形素材包

导入资源包之前会弹出如图 5.10 所示的窗口，显示要导入的所有资源的列表，如果某些物体不需要可以去掉勾选，这里默认全部导入，单击 Import 按钮，如图 5.10 所示，导入资源需要等一小会儿。

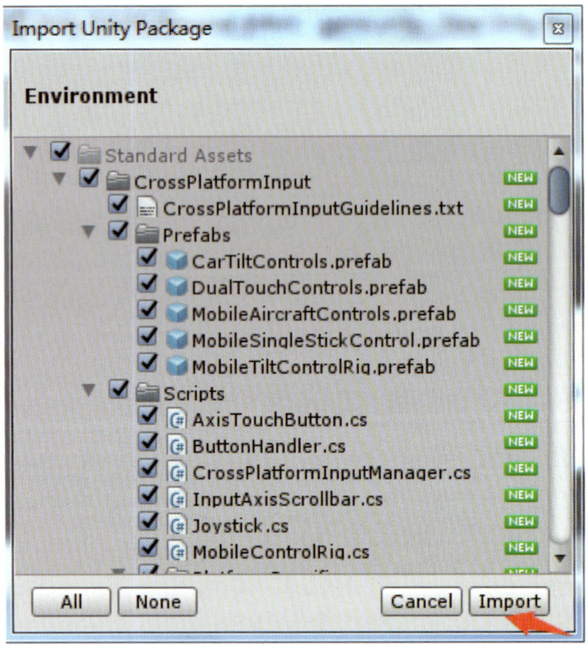

（图 5.12），通过单击齿轮图标按钮，可以设置地形的基本属性（宽、高、分辨率等），这里不做修改，保持默认参数。

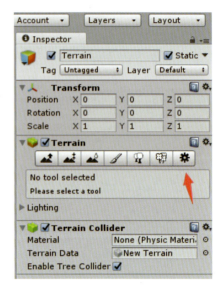

图 5.12 地形属性

下面简单介绍地形的编辑工具，如图 5.13 所示。

图 5.13 地形编辑工具

从左到右分别是绘制地形、绘制高度、平滑高度、绘制贴图、树木工具、草地工具等绘制地形工具，属性参数如图 5.14 所示。

图 5.10 素材资源列表

导入完成后，在 Project 窗口会显示导入的资源目录，如图 5.11 所示。

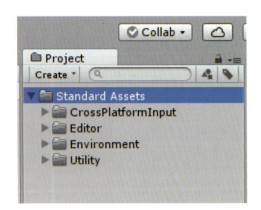

图 5.11 资源目录

（2）生成地形，地形属于 3D Object 类型，可以通过菜单栏 GameObject 去创建，也可以直接在 Hierarchy 窗口右键单击鼠标，选择快捷菜单中的 3D Object → Terrain 命令创建地形。

创建地形后，Inspector 窗口会有地形的相关属性

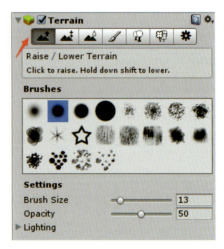

图 5.14 绘制地形工具

Brushes：选择笔刷的样式。

Brush Size：笔刷的大小。

Opacity：笔刷强度。

选择绘制地形工具后，把光标移动至场景的地形上面，有蓝色的小圆圈，通过鼠标左键可以编辑地形。按住 Shift 键单击鼠标左键可以消除之前的地形，如图 5.15 所示。

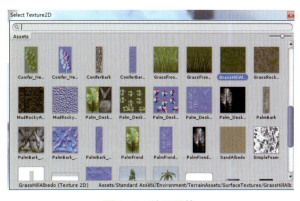

图 5.18　纹理图片

添加完成后，Textures 窗口就会有贴图可以选择，如图 5.20 所示，可以给地形的表皮加上材质，也可以单击 Edit Textures 按钮对材质进行编辑。可以通过上述方式添加多种贴图材质，添加完多种纹理后，就可以选择需要的纹理给地形上色了。

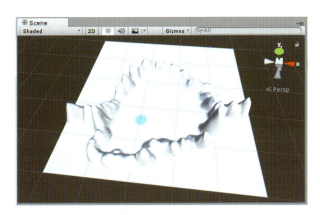

图 5.15　绘制地形

绘制高度工具：可以设置固定海拔高度，其他使用方式跟地形编辑工具一样。

平滑高度工具：用于平滑地形，尖锐的地形可以通过该工具来达到平滑效果。

绘制贴图工具：首先把贴图的纹理添加到工具栏中，选择 Edit Textures → Add Texture，如图 5.16 所示，弹出 Add Terrain Texture 对话框，选择要添加的贴图纹理，如图 5.17 至图 5.19 所示。

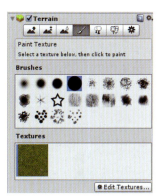

图 5.19　单击 Add 按钮　　图 5.20　选择贴图

图 5.21 是加上贴图纹理的地皮，默认第一张添加进来的纹理会刷满整个地形。

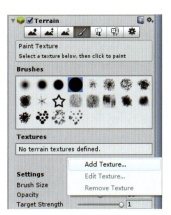

图 5.16　添加纹理　　图 5.17　选择纹理

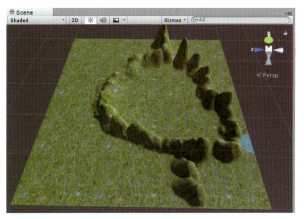

图 5.21　地形上色

5.2.2 添加树木和植被

方法与上面的绘制地形纹理差不多。首先把树的模型添加到 Trees 文本框中，方便编辑选择，如图 5.22 至图 5.24 所示。

图 5.22 添加树模型

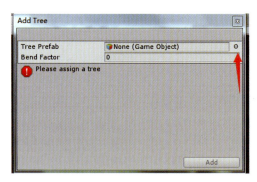

图 5.23 Add Tree 对话框

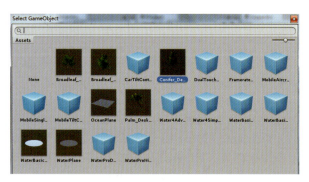

图 5.24 树模型

添加完成后，Trees 中就有树的模型，选中后可以对笔刷做一些设置，可以通过 Brush Size 设置笔刷的大小，Tree Density 设置树木的密集情况，Tree Height 设置树的随机高度等，如图 5.25 所示。树如果种得太密、数量太多会比较耗性能，所以大家要掌握好密度和数量。

图 5.25 设置种树工具属性

这是往地形上添加了树木的效果，如图 5.26 所示。

图 5.26 地形种树

添加草地的方法同上。先导入草地的贴图材质，如图 5.27 和图 5.28 所示，同理可以设置笔刷的样式、大小、草的密度和强度等参数，如图 5.29 所示。

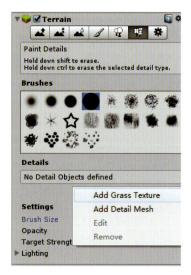

图 5.27 导入草地材质

图 5.30 地形种草

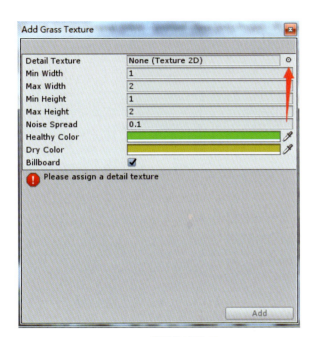

图 5.28 设置草地纹理

5.2.3 添加水效果

在前面导入的 Environmnet 资源包中已经包含了水资源,可以直接在 Project 窗口中找到对应的水的预制体,如图 5.31 所示。拖到场景中,调整下水的 Transform 组件的位置和缩放,如图 5.32 所示。

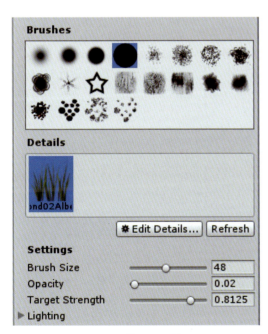

图 5.29 种草工具属性设置

草是支持 LOD 的,所以镜头拉近了才能看到,如图 5.30 所示,种草要拉近镜头。草跟树一样都是很耗性能的,所以在种草时要注意草的密度和数量。

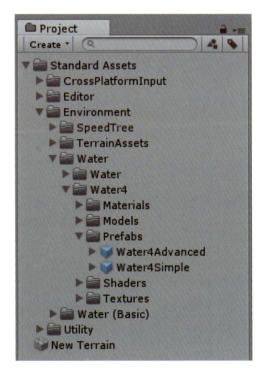

图 5.31 水预制体

图 5.32　地形上加水

灯光的一些属性如图 5.34 所示。

Type：灯光类型。

Color：灯光颜色。

Mode：渲染模式。

Intensity：光强度。

Shadow Type：阴影类型。No Shadows 关闭阴影；Hard Shadows 硬阴影；Soft Shadows 软阴影。

与现实世界对比，硬阴影就好比太阳光特别的强烈，照出来的影子有棱有角；软阴影就好比阴天的时候，但是有那么一丝丝阳光，影子相比没那么明显，阴影比较平滑。需要注意的是，软阴影会消耗系统更多的资源。

※ 5.3　创建光源和阴影

创建灯光，选择菜单栏的 GameObject → Light 命令，Unity 提供了 4 种光源，如图 5.33 所示，Directional Light：方向光，类似太阳的日照效果。

Point Light：点光源，类似蜡烛。

Spotlight：聚光灯，类似手电筒。

Area Light：区域光，无法用作实时光照，一般用于光照贴图烘焙 Unity 空场景，默认会自带一个方向光源。

所以，这里不添加光源，可以选中光源对象，旋转光源来控制灯光效果。

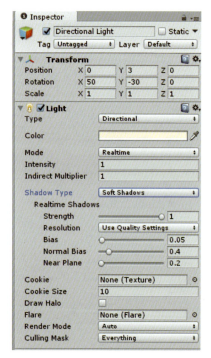

图 5.34　灯光属性

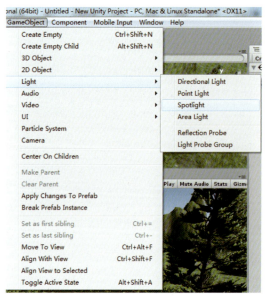

图 5.33　4 种光源

※ 5.4　添加场景静态景物

下面介绍如何创建基本几何体。

（1）创建立方体 Cube。选择菜单中的 GameObject → Cube 命令，添加到地形场景中。

（2）创建自己的材质球。在 Project 窗口中单击鼠标右键，选择快捷菜单中的 Create → Material 命令，如图 5.35 所示，设置材质球的属性（Shader 等），这里不更换贴图，只改变材质球的颜色，选中材质球，在右边的 Inspector 窗口设置材质球的属性，在 Albedo 左边的小圆点可以选择材质球的贴图，右边可以选择颜色，如图 5.36 所示。

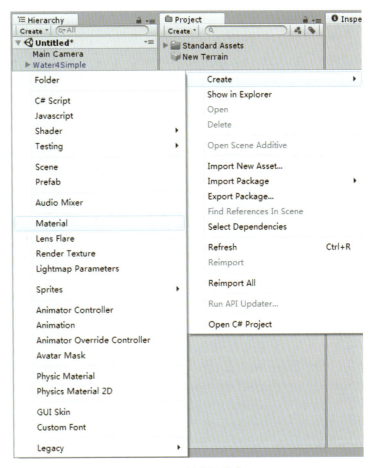

图 5.35 创建材质球

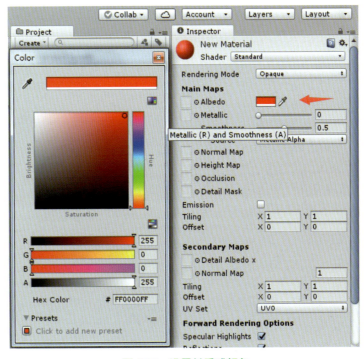

图 5.36 设置材质球颜色

（3）设置完材质球后，可以把添加到场景中 Cube 的材质替换掉。方式一，直接用鼠标把 Project 窗口中刚才新建的材质球拖到 Scens 窗口的 Cube 对象上；方式二，选中 Cube 对象，在 Inspector 窗口，Mesh Renderer 组件上有改变材质的属性，通过 Element 0 可以选择刚创建的材质，如图 5.37 所示。

图 5.37　Cube 更换材质球

※ 5.5　创建第一人称角色控制器

（1）导入资源包，即选择 Assets → Import Package → Characters，这是 Unity 官方提供的人物资源包。

（2）在 Project 窗口中，Standard Assets → Characters 下有 FirstPersonCharacter（第一人称）和 ThirdPersonCharacter（第三人称）的人物预制体，如图 5.38 所示。

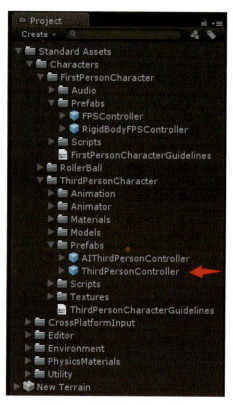

图 5.38　角色控制器预制体

（3）可以根据自己的需求把预制体拖到场景中。在 Prefabs 目录下，把 ThirdPersonCharacter → Prefabs → ThirdPersonController 拖到场景里，调整下模型和相机的位置，如图 5.39 所示。

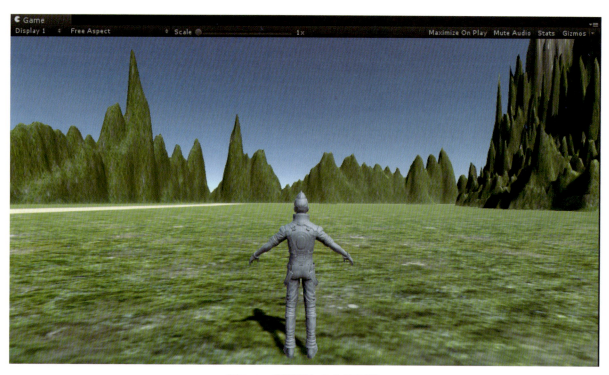

图 5.39　场景添加角色控制器

（4）运行游戏。可以用键盘上的 W、S、A、D 键来控制人物的移动，空格键控制人物跳跃。

5.6 创建物理阻挡

（1）可以往场景里加一些物体，如 Cube、Sphere 等，作为障碍物，用来阻挡人物的移动。

（2）在 Hierarchy 窗口中单击鼠标右键，选择快捷菜单中的 3D Object → Cube 命令，如图 5.40 所示，创建完 Cube 后调整一下 Cube 的位置。

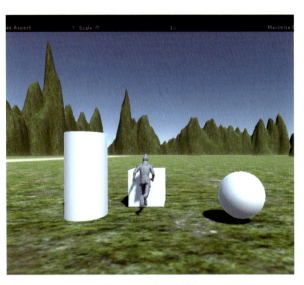

图 5.41　物理阻挡

（4）阻挡碰撞的原理：两个物体都必须有碰撞器（BoxCollider、MeshCollider 等），其中一个物体必须有刚体 Rigidbody，这里人物身上有 Rigidbody 组件和 Capsule Collider 组件，如图 5.42 所示，障碍物身上有 Collider 组件，所以满足碰撞条件。

图 5.42　人物对象属性

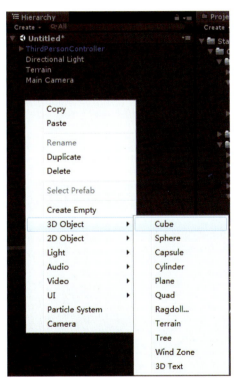

图 5.40　创建 Cube

（3）再次启动游戏，移动人物时，人物会被 Cube、Sphere 和 Cylinder 阻挡，如图 5.41 所示。

（5）实现障碍物能被推开，有物理效果，往障碍物对象身上添加 Rigidbody 组件，如图 5.43 所示。添加刚体组件的方法：选中障碍物 Cube，选择菜单栏上的 Component → Physics → Rigidbody 命令。

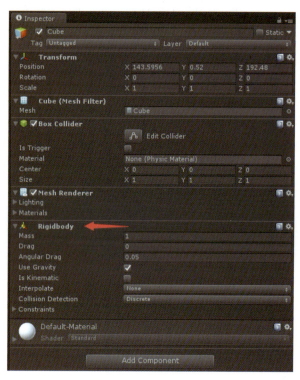

图 5.43　Cube 刚体组件

只有添加了刚体组件，物体发生碰撞时才会有受到力的效果，障碍物被推倒的效果如图 5.44 所示。

图 5.44　人物推倒障碍物

第6章
资源导入导出流程

学习目标：
- 了解模型的制作工具（3ds Max、Maya）
- 掌握资源的导入，熟悉不同资源的属性和设置
- 掌握资源的导出

一个项目里用到的资源种类很多，包括图片、模型、视频、音频、动画等。Unity 有自己支持的资源格式，不同类型的资源导入到 Unity 中可编辑的属性也不一样。本章介绍 Unity 支持的资源类型和资源相关属性的说明。

※ 6.1 外部资源的创建

大多数游戏中的模型、动画等资源都是由 3D 软件生成，目前主流的 3D 软件包括 Maya、3ds Max、Cheetah 3D、Blender 等，Unity 支持多种外部导入的模型格式，像 obj、fbx、3ds 等格式。但并不是对每一种外部模型的属性都支持。具体的支持参数对照表 6.1，这是 Unity 官方的表格。

表 6.1 Unity 对主流三维软件的支持情况

种类	网络	材质	动画	骨骼
Maya 的 .mb 和 .mal 格式	√	√	√	√
3D Studio Max 的 .maxl 格式	√	√	√	√
Cheetah 3D 的 .jasl 格式	√	√	√	√
Blender 的 .blendl 格式	√	√	√	√
Carraral	√	√	√	√
COLLADA	√	√	√	√
Lightwavel	√	√	√	√
Autodesk FBX 的 .dae 格式	√	√	√	√
XSI 5 的 .xl 格式	√	√	√	√
SketchUp Prol	√	√		
Wings 3DI	√	√		
3D Studio 的 .3ds 格式	√			
Wavefroht 的 .obj 格式	√			
Drawing InterchangeFiles 的 .dxf 格式	√			

不同的 3D 软件都有自己的单位，Unity 系统默认单位是"米"。在 3D 软件中也应尽量使用米制单位，以便配合 Unity。表 6.2 是 Unity 官方的表格，是 3D 软件单位为米制单位的情况下与 Unity 系统单位的比例关系。

表 6.2 常用 3D 软件与 Unity 的单位比例关系

3D 软件	3D 软件内部米制尺寸 /m	默认设置导入 Unity 中的尺寸 /m	与 Unity 单位的比例关系
Maya	1	100	1:100
3ds Max	1	0.01	100:1
Cinema 4D	1	100	1:100
Lightwave	1	0.01	100:1

※ 6.2 Unity 资源导入流程

6.2.1 3D 模型、材质的导入

（1）打开 Unity 应用程序，切换到 Projects 选项卡，新建一个工程，单击 NEW 按钮，在 Project name 文本框中输入项目名称"Project_Test"，给新项目选择一个存放目录，选中"3D"单选钮创建 3D 场景，最后单击"Create project"按钮，创建一个新的工程，如图 6.1 所示。

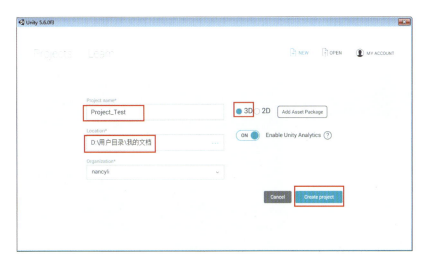

图 6.1 创建一个新工程

（2）依次选择菜单栏中的 Assets → Create → Folder 命令，在 Project 面板内创建一个文件夹，如图 6.2 所示。

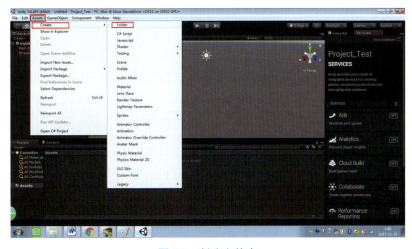

图 6.2 创建文件夹

（3）将 Project 面板中的 New Folder 文件夹改名为 zhaoyun，然后将 text@attack1.FBX（赵云攻击的模型文件）放到此文件夹中，方法有很多种，这里介绍两种方法。第一种：可以直接拖曳模型到 Unity 中，把模型放到 zhaoyun 目录下。第二种：在 Project 窗口 zhaoyun 的文件夹上右键单击，选择快捷菜单中的 Import New Asset 命令，选择 text@attack1.FBX 文件，如图 6.3 所示。

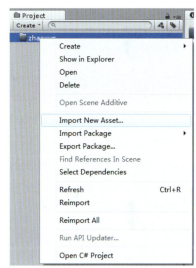

图 6.3 导入赵云模型

（4）模型导入后，在 Project 窗口有资源列表，包含材质、贴图、模型和动画，如图 6.4 所示。

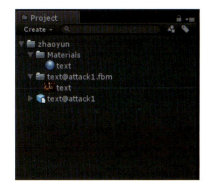

图 6.4 资源列表

（5）用 3D 建模软件 3ds Max 导出模型时要选中"嵌入媒体"复选框，这样导出的 fbx 格式的模型是自带贴图，如图 6.5 所示。

（6）选中 text@attack1 文件，在 Inspector 视图中可以看到该资源的相关属性，如图 6.6 所示。

（7）在 Project 视图中的 zhaoyun 文件夹中选中 text@attack1 文件，拖动到 Scene 视图（或者 Hierarchy 视图），此时 Scene 视图中已经将此 Prefab 显示出来，如图 6.7 所示。在 Scene 视图以及 Hierarchy 视图中出现的所有元素，都可以理解为游戏对象。

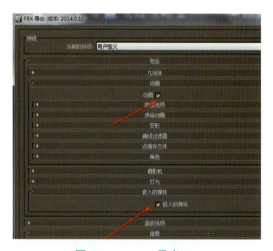

图 6.5　3d Max 导出 fbx

图 6.7　模型拖到场景里

（8）选中此游戏对象后，在 Inspector 视图中将显示该游戏对象的属性以及附加的组件，该对象身上目前只绑定了两个组件，一个是表示位置、旋转和缩放信息的 Transform 组件，另一个是动画组件 Animator，如图 6.8 所示。

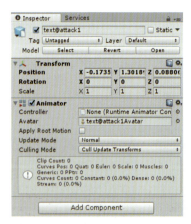

图 6.8　赵云身上的组件

6.2.2　2D 图像的导入及设置

Unity 支持的图像文件格式包括 TIFF、PSD、

图 6.6　赵云模型属性

TGA、JPG、PNG、GIF、BMP、IFF、PICT 等。

为了优化运行效率，在游戏引擎中，需要注意图片的像素尺寸。建议图片纹理的尺寸是 2 的 n 次幂，如 32、64、128、256、1024 等，并且最小不小于 32，最大不超过 8192，如 512×1024、256×64 都是合理的。

Unity 也支持非 2 的 n 次幂尺寸图片。Unity 会将其转化为一个非压缩的 RGBA 32 位格式，但这样不但降低加载速度，而且增大游戏发布包的文件大小。可以在导入设置中使用 NonPower2 Sizes Up 将非 2 的 n 次幂尺寸图片调整到 2 的 n 次幂尺寸，但注意这种方法可能会导致图片质量下降。所以建议美术人员在制作图片资源时就按照 2 的 n 次幂尺寸进行制作。

作为一款跨平台发布游戏的引擎，Unity 为用户提供了专门的解决方案，可以在项目中将同一张图片纹理依据不同的平台直接进行相关设置，效率非常高。下面就来介绍如何根据不同平台对图片资源进行设置。

Unity 资源导入的方法有 3 种：第一种是直接打开项目目录下的 Assets 文件夹，把图片直接复制到该文件夹下；第二种是把图片直接拖曳到 Unity 的 Project 项目视图中；第三种是执行菜单栏上的 Assets → Import New Asset 命令在弹出窗口中选择需要导入的资源，如图 6.9 所示。

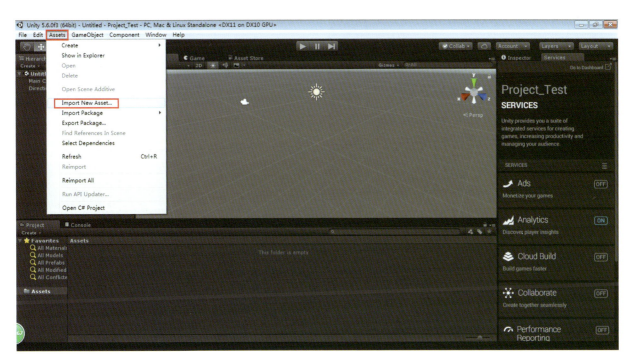

图 6.9 导入素材方式

1. 图片的导入及尺寸设置

新建一个项目，按照上面所说导入资源的方式导入图片资源，这里选择菜单栏中的 Assets → Import New Asset 命令，选中一张图片素材导入，导入后会在 Project 视图中的 Assets 文件夹中显示该图片，如图 6.10 所示。

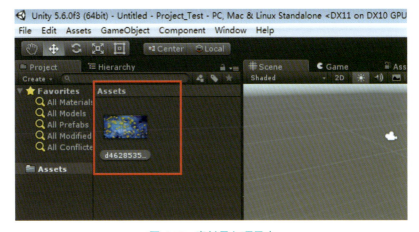

图 6.10 素材导入项目中

选中该图片资源，在 Inspector 视图中可以根据不同的平台进行相应的图片尺寸设置。在最终发布时，Unity 会依据设置调整图片的尺寸，如图 6.11 所示。

图 6.11　图片设置

图片的纹理类型有很多种，这里以普通纹理来说明 Default（所有平台的默认设置）的设置方法，如图 6.12 所示。

图 6.12　默认设置

Max Size：最大纹理尺寸，可用于调整所选择的纹理的最大尺寸。

Format：格式，用来设置图片的压缩格式，有以下几种格式可供选择。

（1）Compressed：压缩纹理，该项为默认选项，是最常用的纹理格式。

（2）16 bit：RGB 彩色，16 位彩色图最多可以有 216 种颜色，该格式为非压缩格式，会占用较大的磁盘空间。

（3）Truecolor：真彩色，这是最高质量的真彩色，也就是 32 位彩色，该格式为非压缩格式，会占用较大磁盘空间。

（4）Compression Quality：压缩质量，只有移动端才有此选项。

2. 图片资源类型的设置

在 Unity 中，根据图片资源的用途，需要设置图片的类型，包括 Texture（纹理）、Normal map（法线贴图）、Editor GUI and Legacy GUI（图形用户界面）、Sprite（2D and UI）、Cursor（光标文件）、Cubemap（反射）、Cookie（作用于光源的 Cookie）、Lightmap（光照贴图）和 Advanced（高级）9 种类型，应设置相应的格式来达到最佳效果。

这里就以 Normal map（法线贴图）类型为例来说明，如图 6.13 所示，参数的详细说明如表 6.3 所示。

图 6.13　法线贴图类型设置

6.2.3 音频、视频的导入及设置

音频、视频在游戏中是不可或缺的元素，是构成游戏过场动画、背景音乐、游戏特效音、解说词等内容必须使用的资源，接下来看一下视频、音频资源导入和基本设置。

1. Unity 对音频、视频格式的要求

Unity 支持大多数的音频格式，未经压缩的音频格式以及压缩过的音频格式文件，都可以直接导入 Unity 中进行编辑、使用。

对于较短的音乐、音效可以使用未经压缩的音频格式，如 WAV、AIFF 等。虽然未压缩的音频数据量较大，但音质会很好。并且声音在播放时不需要解码，通常适用于游戏音效。

对于时间较长的音乐、音效，建议使用压缩音频，如 Ogg、MP3 等格式。压缩过的音频数据量比较小，但是音质会有轻微损失，而且需要经过解码，一般适用于游戏背景音乐。

2. Unity 支持的视频格式

Unity 是通过 Apple QuickTime 导入视频文件。所以 Unity 仅支持 QuickTime 支持的视频格式（.mov、.mpg、.mpeg、.mp4、.avi、.asf）。在 Windows 系统中导入视频，需要安装 QuickTime 软件。QuickTime 的下载地址为 http://www.apple.com/quicktime/download/。

3. 导入 Unity 音频、视频资源

（1）在 Unity 的 Project 面板中创建一个文件夹并命名为 MP3，

表 6.3 法线贴图类型设置参数说明

参数	说明
Texture Type	纹理类型。包括 Texture（纹理）、Normal map（法线贴图）、Editor GUI and Legacy GUI（图形用户界面）、Sprite（2D and UI）、Cursor（光标文件）、Cubemap（反射）、Cookie（作用于光源的 Cookie）、Lightmap（光照贴图）、Advanced（高级）9 种类型
Alpha from Grayscale	依据灰度产生 Alpha 通道，选中该项，将依据图像自身的灰度值，产生一个 Alpha 透明度通道
Alpha from Transparency	依据透明度产生 Alpha 通道，选中该项，将依据图像自身的透明度值，产生一个 Alpha 透明度通道
Wrap Mode	循环模式，控制纹理平铺时的样式，包括 Repeat（重复）、Clamp（截断）
Filter Mode	过滤模式，控制纹理通过三维变换拉伸时的计算过滤方式，包括 Point（点模式）、Bilinear（双线性）、Trilinear（三线性）
Aniso Level	各向异性级别。当以一个过小的角度观察纹理时，此数值越高，观察到的纹理质量就越好，该参数对于提高地面等纹理的显示效果非常明显

Advanced：可对纹理进行高级设置，如图 6.14 所示。表 6.4 对部分参数作简要说明。

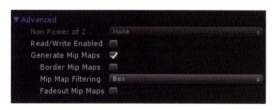

图 6.14 高级设置

表 6.4 部分参数说明

参数	说明
Non Power of 2	图片尺寸非 2 的 n 次幂。该项在导入并选择了非 2 的 n 次幂尺寸图像的情况下才可用，该项的主要作用是将图像尺寸缩放到 2 的 n 次幂
Mapping	生成 Mapping 贴图
Convolution Type	反色贴图旋转类型
Fixup Edge Seams	固定边缘接缝处，当反射贴图有接缝时可尝试选中该选项进行控制
Read/Write Enabled	读/写启用。选中该项将允许从脚本访问纹理数据，同时会产生一个纹理副本，会消耗双倍的内存
Import Type	导入类型。该项用来指定导入图像的类型，可理解为用于指定图像在导入前计划的应用类型。例如，图像在 3D 软件烘焙出来的法线贴图、光照贴图等，在导入之前就知道这类图片的用途，导入后需要根据图像的用途确定相应的类型
Generate Mip Maps	生成 Mip Maps。选中该项将生成 Mip Maps。例如，当纹理在屏幕上非常小时，Mip Maps 会自动调用该纹理较小的分级

然后将 MP3 格式的音频文件拖到 Unity 中，如图 6.15 所示。

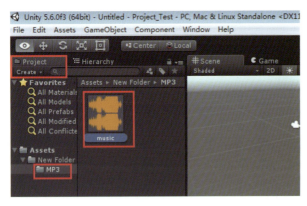

图 6.15　将音频导入到 Unity 中

（2）选中该音频资源，在 Inspector 视图中可以看到该音频资源的相关参数，如图 6.16 所示。表 6.5 对部分参数作简要说明。

表 6.5　Unity 中音频文件参数设置

参数	说明
Force To Mono	强制单声道。选中该项，所编辑的音频剪辑将混合为单通道声音
Load in Background	选中该项，在后台加载不占用线程
Preload Audio Data	选中该项，预加载音频数据
LoadType	加载类型。该项用于选择运行时加载音频的类型
Compression Format	压缩格式
Quality	压缩质量
Sample Rate Setting	优化采样率设置

4. Unity 中视频参数设置

在 Unity 的 Project 面板中创建一个文件夹并命名为 Movie，然后复制一个视频文件到此文件夹中，如图 6.17 所示。单击视频文件，在 Inspector（检视）视图中可以看到视频的详细属性，如图 6.18 所示，属性的详细说明可以参照表 6.6。

图 6.17　将视频导入 Unity

图 6.16　音频剪辑检视面板

第6章 资源导入导出流程

图 6.18　视频剪辑检视面板

表 6.6　Unity 中视频文件参数设置

参数	说明
Bypass sRGB Samping	通过 sRGB 采用。使用精确颜色值对其进行校正
Quality	质量。该项靠数值来控制质量的级别，取值范围为 0~1，也可以直接拖动滑块进行调整
Revert	取消设置
Apply	应用设置

※ 6.3　资源包的导出与导入

Unity 中 Export/Import Package 功能的主要用途是在不同的项目之间实现复用，接下来看一下资源包的导出与导入。

（1）选择要导出的文件，然后依次选择 Assets → Export Package 菜单命令，如图 6.19 所示。

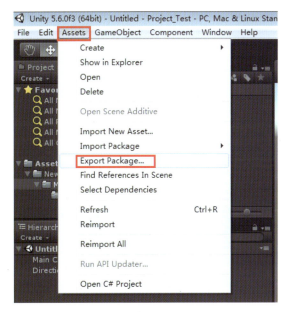

图 6.19　导出资源包

（2）在导出时，跟该资源相关的资源都会被一起导出，包括资源、贴图、脚本等，同时 Unity 会记录导出内容在项目中的完整路径，并在导入时重建对应的目录结构。导出时，Unity 会提供选择是否导出被关联的内容，如果选中会自动添加被关联的内容，并显示在列表中，如图 6.20 所示。导出后的资源包是 .unitypackage 格式的文件。

图 6.20　导出被关联的内容

（3）依次选择菜单栏中的 Assets → Import Package → Custom Package 命令，在弹出的对话框中选择要导入的 .unitypackage 文件，如图 6.21 所示。

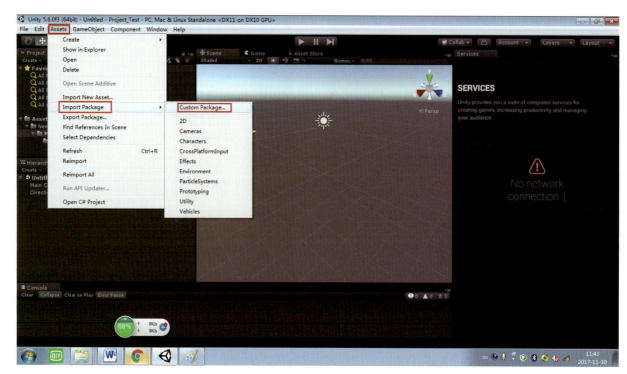

图 6.21 导入资源包

（4）打开 Import Unity Package 对话框，Unity 会判断当前项目中是否存在名称、路径完全相同的文件，如果路径相同，会提示是否覆盖，而且如果项目中已经导入同一个包了，第二次导入时会提示包里的资源已经在工程中存在了，如图 6.22 所示。

图 6.22 重复导入提示窗口

第 7 章
游戏对象、组件和 Prefabs

学习目标：
- 掌握游戏对象和组件的创建和使用
- 熟悉常用的功能组件
- 掌握 Prefabs 预制体的创建和使用

游戏是由一个一个对象组成的，一棵树、一个模型、一个人物等都是对象，任何游戏对象具有什么功能又是由组件决定的，不同的组件实现不同的功能，不同组件之间的相互组合以及组件中相应参数的差异使得每一个游戏对象各不相同。本章将介绍 Unity 对象、常用组件的使用以及 Prefabs 的概念。

7.1 创建游戏对象和组件

首先新建一个 Unity 工程，然后创建一些游戏对象。创建的方法有两种：一是单击菜单栏中的 GameObject，会弹出下拉菜单，可从中选择所需要的游戏对象进行创建，如图 7.1 所示；二是直接将光标移到 Hierarchy 窗口，单击鼠标右键，选择快捷菜单中的 3D Object 命令，选择要创建的对象。

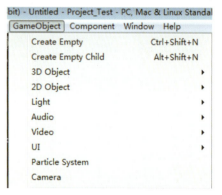

图 7.1 游戏对象的类型

这些类型都是 Unity 自带的，如 Cube 立方体、Sphere 球体、Capsule 胶囊体、Terrain 地形等，如图 7.2 所示。

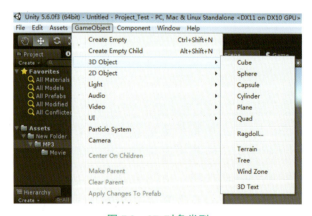

图 7.2 3D 对象类型

根据上面说的方法，在场景中创建 Plane（水平面）、Cube（立方体）、Sphere（球体）、Cylinder（圆柱体）和 Quad（四边形）这几个对象，并利用工具栏中的移动、旋转、缩放等命令对所创建的对象进行编辑，编辑完成后如图 7.3 所示。

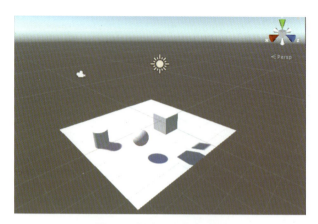

图 7.3 创建 3D 游戏对象

创建的对象会在 Hierarchy 视图中显示，场景中的对象统称为游戏对象，如图 7.4 所示。

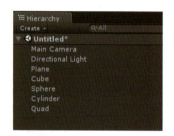

图 7.4 Hierarchy 视图中的游戏对象

在 Hierarchy 视图中可以任意选择一个对象查看它身上的组件和属性，这里选中 Cube，然后在 Inspector 视图中可以看到 Cube 游戏对象上默认挂了 4 个组件，即 Transform（变换）、Cube（Mesh Filter）（网格）、Box Collider（盒碰撞器）和 Mesh Renderer（网格渲染器），如图 7.5 所示。在后面的小节中将对这些组件作进一步介绍。

图 7.5 Inspector 视图 Cube 对象的 4 个组件

接下来看一下如何给游戏对象添加组件，方法有以下两种。

方法一：在 Hierarchy 视图中选中需要添加组件的游戏对象，在 Inspector 视图窗口单击"Add Component"按钮，弹出下拉窗口，输入需要添加的组件名称，单击组件按钮即可，如图 7.6 所示。

接着运行游戏，看看加了刚体组件后的 Cube 会有什么效果。在 Hierarchy 视图中选中 Cube，然后在 Scene 视图中将 Cube 的位置移动到 Plane 的上方，最后单击工具栏中的 ▶ 按钮，在 Game 视图中可以看到 Cube 掉落到 Plane 上，如图 7.8 所示。Cube 之所以会掉落，是因为加了刚体组件，该组件是 Unity 中物理引擎组件，使得 Cube 在 3D 世界中受到重力作用而自由下落。

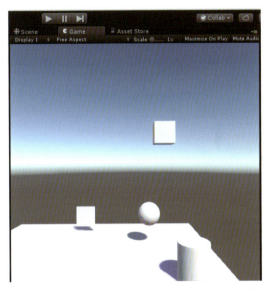

图 7.8　添加刚体组件后的物体受重力作用而下落

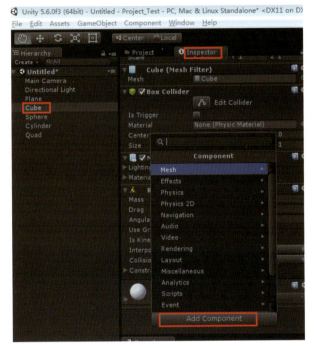

图 7.6　在 Hierarchy 视图添加组件

方法二：在 Hierarchy 视图中选中需要添加组件的游戏对象，然后单击菜单栏中的 Component 菜单，就会弹出组件菜单列表，从中选择需要添加的组件即可。

这里做个演示，给 Cube 立方体添加一个刚体组件。在 Hierarchy 视图中选中 Cube，依次选择菜单栏中的 Component → Physics → Rigidbody 命令，如图 7.7 所示。

※ 7.2　常用组件介绍

1. Mesh 相关组件

Mesh（网格）类有 4 种组件，如图 7.9 所示。

图 7.7　为 Cube 添加刚体组件

图 7.9　Mesh 类组件

（1）Mesh Filter：网格过滤器。该组件用于在项目资源中获取网格并将其传递到所属的游戏对象中。添加 Mesh Filter 组件后，还需要为游戏添加一个 Mesh Renderer 组件；否则网格虽然实际存在于场景中，但不会被渲染出来。

（2）Text Mesh：文本网格。该组件用于生成三维的字符串文字。

（3）Mesh Renderer：网格渲染器。该组件用于从网格过滤器获得网格模型，把模型渲染出来。

（4）Skinned Mesh Renderer：蒙皮渲染器。该组件用于骨骼动画。

2. Particle System 组件

Particle System（粒子系统）组件用于制作一些粒子效果，如烟雾、火焰、喷泉、水波等效果。

3. Physics 物理引擎组件

Physics 组件分为 Physics 和 Physics 2D 两种。Unity 拥有内置的 NVIDIA PhysX 物理引擎，可以模拟真实的物理行为，如重力、阻力、摩擦力、质量等。

4. Image Effects 组件

Image Effects 组件用于提高画面的画质感（图像后处理特效）。Image Effects 可以为游戏画面添加很多外观和视觉上的效果。

5. Scripts

在 Unity 游戏开发过程中，脚本是必不可少的组成部分，它帮助我们实现游戏中的逻辑交互。在 Unity 中，Scripts 是一种特殊的组件，用于添加到游戏对象上以实现各种交互操作及其他功能。Unity 5.0 支持 JavaScript 和 C# 两种语言编写脚本，本书以介绍 C# 语言为主。

※ 7.3 创建 Prefabs

Prefabs 意思是预设体，可以理解为一个游戏对象及其组件的集合，目的是使游戏对象及资源能够被重复使用。预设体作为一个资源，可以应用在整个项目的不同场景或关卡中。当拖动预设体到场景中时，就创建了一个实例，该实例与其原始预设体是关联的。对预设体进行更改，实例也将同步修改。这样，除了可以提高资源利用率外，还可以提高开发效率。

7.3.1 创建和导入 Prefabs

创建预设体的方法比较简单。直接把 Hierarchy 视图里的游戏对象拖到 Project 视图中，该对象就自动生成预设体，这里把前面创建的 Cube 立方体直接拖到 Project 视图中，可以看到 Project 视图多了一个 Cube 资源，同时 Hierarchy 视图中的 Cube 字体颜色变成了蓝色，代表该对象变成了预设体的一个实例，如图 7.10 所示。

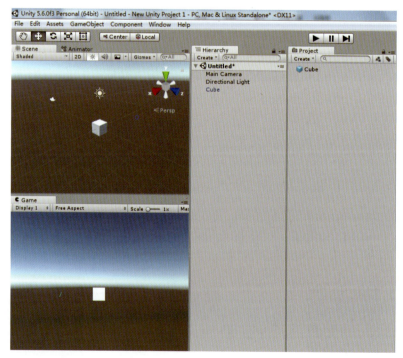

图 7.10　创建预设体

完成以上步骤，游戏对象就制作成预设体了，可以在该项目工程的多个场景中重复使用。

导入导出预设体的方法跟上一章说的导入导出资源的方法是一样

的，选中需要导出的资源，选择菜单栏中的 Assets → Import Package → Custom Package 命令进行导入，选择菜单栏中的 Assets → Export Package 命令进行导出。这里不再详细说明，可以参考第 6 章。

7.3.2 实例化 Prefabs

将 Project 视图中的 Cube 拖动到 Scene 视图或者 Hierarchy 视图中，便完成了一个预设体在场景中的实例化，可以拖动多个预设体到场景中，如图 7.11 所示。

当然也可以通过脚本来实现在游戏运行过程中动态实例化预设体。首先创建实例化预设体的脚本。在 Project 视图中选中 Scripts 文件夹，依次选择菜单栏中的 Assets → Create → C# Script 命令，会在 Scripts 文件夹下创建一个 C# 脚本，将其命名为 CreateInstance，如图 7.12 所示。

编辑实例化脚本。双击 CreateInstance 脚本，打开默认的编辑器，编辑代码如图 7.13 所示。

保存脚本，在 Project 视图的 Scripts 文件夹下，将 CreateInstance 脚本拖动到 Hierarchy 视图中的 Main Camera 上，如图 7.14 所示。然后在 Main Camera 的 Inspector 视图中，单击 Prefab_test 右侧的 ⊙ 按钮，如图 7.15 所示，在弹出的 Select GameObject 对话框中选择 Prefab_test 文件，如图 7.16 所示。

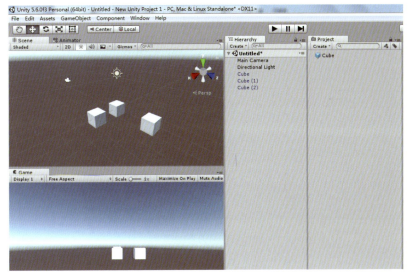

图 7.11　实例化预设体

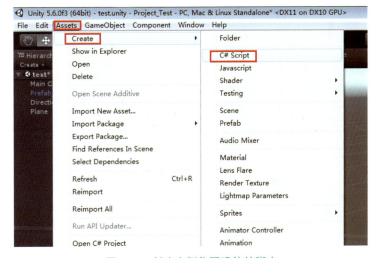

图 7.12　创建实例化预设体的脚本

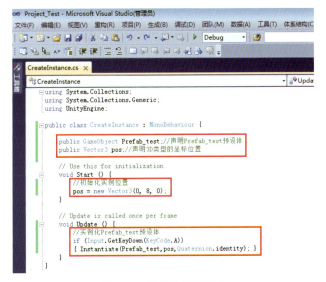

图 7.13　编辑实例化脚本

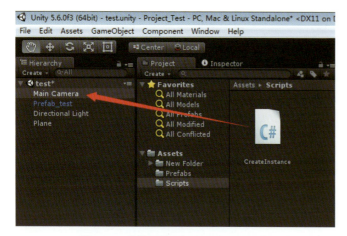

图 7.14 将脚本拖到 Main Camera 上

图 7.16 GameObject 对话框

单击工具栏中的播放按钮 ▶，在 Game 视图中，按 A 键会实例化出一个大球，如图 7.17 所示。

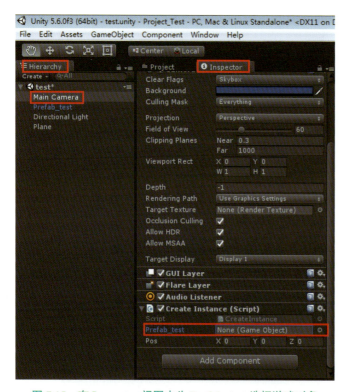

图 7.15 在 Inspector 视图中为 Prefab_test 选择游戏对象

图 7.17 实例化预设体的播放效果

第 8 章
Mecanim 动画系统

学习目标：
- 了解 Mecanim 动画系统的基本概念
- 学会动画控制器 Animator 组件的使用、状态机的使用
- 结合案例掌握控制动画播放

  Mecanim 动画系统是 Unity 3D 推出的全新的动画系统，它把游戏中的角色设计提高到了一个新的层次，使用 Mecanim 可以通过 Retargeting（重定向）来提高角色动画的重用性。在处理人类角色动画时，用户可以使用动画状态机来处理动画之间的过渡及动画之间的逻辑，通过和美工人员的紧密合作，可以帮助程序设计人员快速地设计出角色动画。本章详细介绍 Mecanim 动画系统，动画状态机的使用，动画的控制，并结合案例来控制模型的一整套动作。

8.1 Mecanim 概述

Unity 的动画系统由以下几部分组成,即 Animator(动画编辑器)、Animator Controller(动画控制器)、Animation(动画片段)、Avatar(骨骼模型)。

为人形角色提供简易的工作流和动画创建能力。Retargeting(运动重定向)功能,把动画从一个角色模型应用到另一个角色模型上。针对 Animation Clips(动画片段)的简易工作流,即针对动画片段以及它们之间的过渡和交互过程的预览能力。这样可以使动画师更加独立地进行工作,而不用过分地依赖于程序员,从而在编写游戏逻辑代码之前即可预览动画效果。一个用于管理动画间复杂交互作用的可视化编程工具如图 8.1 所示。通过不同逻辑来控制不同身体部位运动的能力。

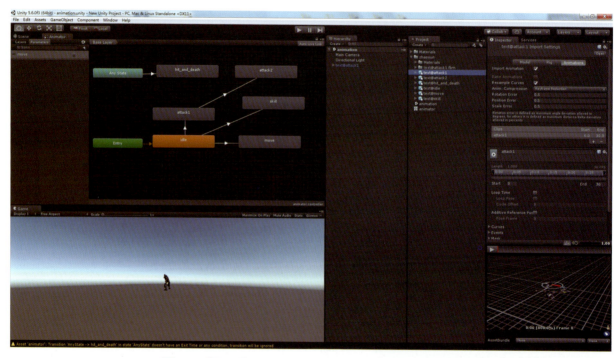

图 8.1　动画系统

8.2 Animator 组件

播放动画的角色都需要添加 Animator 组件,该组件即为控制动画的接口,该组件是关联角色及其行为的纽带,下面看看 Animator 组件,如图 8.2 所示。

图 8.2　Animator 组件

第8章 Mecanim动画系统

Animator 组件中还引用了一个 Animator Controller，它被用于为角色设置行为，这里所说的行为包括状态机（State Machines）、混合树（Blend Trees）以及通过脚本控制的事件（Events），Animator 组件的属性具体如下。

Controller：关联到该角色的 Animator 控制器。

Avatar：使用的骨骼文件，可以理解为 Avater 是将模型的身体和骨骼实现匹配。

Apply Root Motion：是使用动画本身还是使用脚本来控制角色的位置。

Update Mode：动画的更新模式。

Normal：表示使用 Update 进行更新。

Animate Physics：表示使用 FixUpdate 进行更新（一般用在和物体有交互的情况下）。

Unscale Time：表示无视 timeScale 进行更新（一般用在 UI 动画中）。

Culling Mode：动画的裁剪模式。

Always Animate：表示即使摄像机看不见也要进行动画播放的更新。

Cull Update Transform：表示摄像机看不见时停止动画播放但是位置会继续更新。

Cull Completely：表示摄像机看不见时停止动画的所有更新。

8.2.1 Animator Controller

AnimatorController 是将动画和模型绑定的东西，可以通过在 Project 视图中依次选择 Create → Animator Controller 菜单命令来创建 New Animator Controller，如图 8.3 所示。

图 8.3 创建 Animator Controller

此时在项目工程的 Assets 文件夹内生成一个 .controller 文件，且以图标的形式在 Project 视图中显示。当设置好运动状态机以后，就可以在 Hierarchy 视图中将该 New Animator Controller 拖入一个具备 Avatar 角色的 Animator 组件上，Animator Controller 视图如图 8.4 所示。

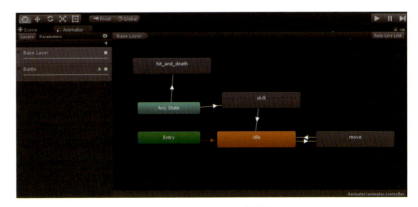

图 8.4 Animator 视图

Animator Controller 视图包括：Animation Layer 组件；事件参数组件；状态机自身的可视化窗口。

8.2.2 动画状态机

在游戏中一个角色往往拥有多个运动动画，如在空闲状态时站立、跑步动画、攻击动画等。通过脚本控制这些运动状态的切换和过渡，如果是早期的动画系统会比较麻烦。Mecanim 系统借用了计算机科学中的状态机概念来简化对角色动画的控制。

1. 状态机基础

状态机的基本思想是使角色在某一给定时刻进行一个特定的动作，常用的动作有待机、走路、跑步、攻击和跳跃等，其中每一个动作被称为一种状态。一般来说，角色从一个状态立即切换到另一个状态是需要一定限制条件的，比如角色只能从跑步状态切换到跑跳状态，而不能直接由静止状态切换到跑跳状态。上述限制条件称为状态过渡条件。总之，状态集合、状态过渡条件以及记录当前状态的变量放在一起，就组成一个最简单的状态机。

2. Mecanim 状态机

Mecanim 的动画状态机提供了一种纵览角色所有动画片段的方法，并且允许通过游戏中的各种事件来触发不同的动画效果。动画状态机可以通过 Animator 视图来创建，如图 8.5 所示，这是一个简单的动画状态机，一般而言，动画状态机包括动画状态、动画过渡和动画事件；而复杂的状态机还可以含有简单的子状态机。

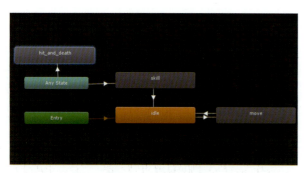

图 8.5 动画状态机

3. Animation States（动画状态）

Animation States 是动画状态机中的基本模块，每个动画状态都含有一个单独的动画序列。当某个游戏事件触发一个动画切换时，游戏角色就会进入到一个新的动画状态中。当在 Animator 视图中选择一个动画状态时，就能在 Inspector 视图中查看到该动画的属性，如图 8.6 所示。

图 8.6 动画属性

- Speed：动画的播放速度。
- Motion：当前状态下的动画片段。
- Foot IK：是否使用 Foot IK。
- Write Defaults：是否对没有动画的属性写回默认值。
- Mirror：镜像。
- Transitions：当前状态的过渡列表，可能包含当前动画的上一个动画和过渡的下一个动画。

为了添加新的动画状态，可以在 Animator 视图的空白处右击，选择快捷菜单中的 Create State → Empty 命令，如图 8.7 所示。

图 8.7 创建新动画

也可以将 Project 视图中的动画拖入 Animator 视图中，从而创建一个包含该动画片段的动画状态，如图 8.8 所示。

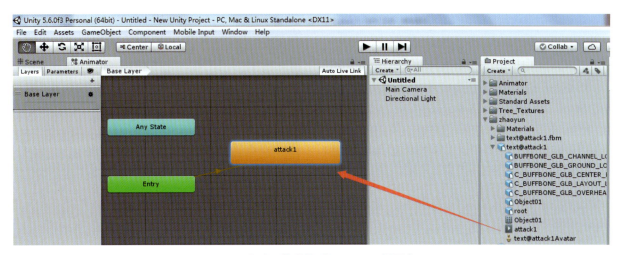

图 8.8　将动画片段拖到 Animator 视图中

新创建的 Animator Control 都会自带 3 种动画状态，如图 8.9 所示，下面简单介绍这 3 种状态。

Any State（任意状态）：这是一个始终存在的特殊状态。它被应用于不管角色当前处于何种状态，都可以从当前状态进入另一个指定状态的情形。这是一种为所有动画状态添加公共出口状态的便捷方法。

Entry（入口）：动画状态机的入口，当游戏启动时会自动切换到 Entry 的下一个状态；第一个拖到 Animator 视图动画状态会默认连接到 Entry 上。可以在 Animator 视图中，右键单击动画状态，选择快捷菜单中的 Set as Layer Default State 命令来更改其他 Entry 的过渡动画，如图 8.10 所示。

Exit（退出）：退出当前动画状态机。

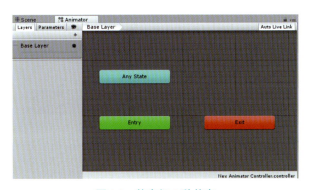

图 8.9　状态机 3 种状态

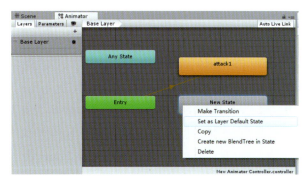

图 8.10　更改默认动画

4. Animation Transitions（动画过渡）

动画过渡是指由一个动画状态过渡到另一个时发生的行为事件。需要注意，在一个特定时刻只能进行一个动画过渡。两个动画的过渡连线可以在 Animator 视图里，右键单击其中一个动画，选择快捷菜单中的 Make Transition 命令，把线连到另一个动画状态上，如图 8.11 所示。

图 8.11　动画过渡连线

单击两个动画状态之前的过渡线，在 Inspector 视图窗口可以查看过渡的属性，如图 8.12 所示。

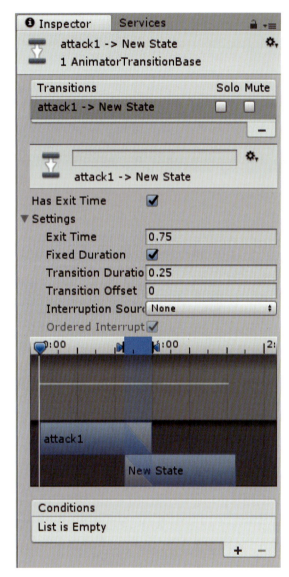

图 8.12　动画过渡属性

Has Exit Time：当前的动画过渡不能被中断，即上一个动画没结束之前是不能切换到下一个动画状态的。

Conditions：动画过渡条件。一个 Condition 包括一个事件参数、一个可选的条件、一个可选的参数值。

还可以通过拖动重叠区域的起始值和终止值来调节两个动画的过渡动作情况，如图 8.13 所示。

图 8.13　动画过渡片段调整

5. Animation Parameters（动画参数）

Animation Parameters 是动画系统中用到的变量，可以通过脚本来进行访问和赋值。可以在 Animator 窗口左上角的 Parameters 工具栏中进行创建、删除和设置，如图 8.14 所示，参数值有以下 4 种基本类型。

- Float：浮点数。
- Int：整数。
- Bool：返回布尔值。
- Trigger：触发器。

参数可以通过在脚本中使用 Animator 类函数来赋值，包括 SetTrigger、SetFloat、SetInteger 和 SetBool。

图 8.14　创建过渡条件

※ 8.3 应用示例

这里有一套《英雄联盟》里赵云人物的一系列动作，总共 6 个动作，即站立、跑、两个攻击、技能、死亡。把它导入到 Unity 中，通过上面讲的知识点，用代码来控制赵云动画的播放。

（1）把赵云的模型导入 Unity，这里是 fbx 格式的文件，里面已经带了贴图和动画，所以直接把 fbx 文件拖到 Unity 即可，如图 8.15 所示。

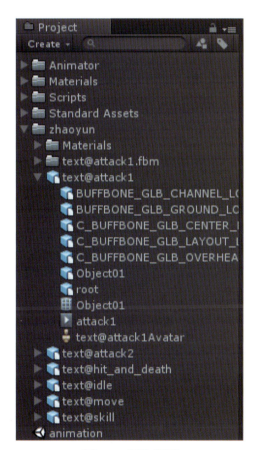

图 8.15　导入资源

（2）新建一个地形，把赵云的模型放到地形上面，随便一个模型都可以，因为所有的动画是用一套模型的。这里拖到场景的是攻击动作模型 text@attack1，如图 8.16 所示。

图 8.16　将模型拖到场景

（3）创建一个动画控制器 Animator Control，重命名为 animator，把动画控制器赋值给模型身上的 Animator 组件，如图 8.17 所示。

图 8.17　给 Controller 赋值

（4）双击 animator 打开动画控制器窗口，把模型的站立动作 Idel 和移动动作 Move 拖到动画控制器窗口，动画入口 Entry 默认连接的是第一个拖入的动画，如图 8.18 所示，也可以把光标移动到动画片段上，右键单击 Set as Layer Default State 来改变默认动画。

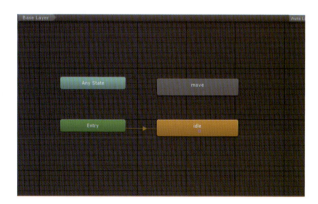

图 8.18　将动画片段添加到 Animator 视图

（5）设置站立和走路动画的切换，首先设置两个动画的过渡，将光标放到 idle 动画上面右键单击，选择快捷菜单中的 Make Transition 命令，把过渡线连接到 move 动画上，这样就实现了站立动画到移动动画的过渡，如图 8.19 所示，进行同样的操作把 move 动画过渡到 idle 动画，如图 8.20 所示。

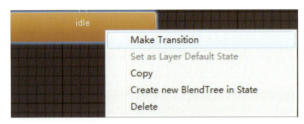

图 8.19　动画过渡连线

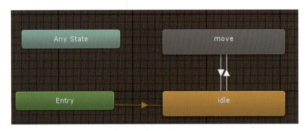

图 8.20　动画过渡

（6）在左边的条件添加窗口添加一个 Bool 类型的变量，来控制两个动画的过渡，如图 8.21 所示。

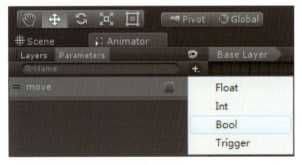

图 8.21　添加过渡条件

（7）创建好条件后，单击两个动画间的过渡线，把条件添加上去，如图 8.22 所示。由站立动作 idel 切换到移动动作 move 时把 move 值设置为 true；相反地，从 move 动画切换到 idel 时把 move 值设置为 false。设置完后运行游戏，模型默认执行的是站立 idel 动画。

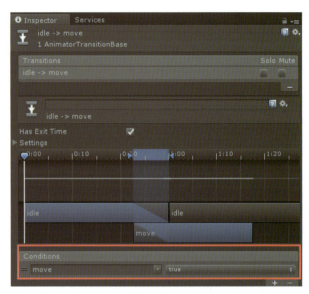

图 8.22　设置过渡条件

（8）新建一个 C# 脚本 AnimationCtrl.cs，在代码里控制模型的移动和动画播放。使用 Animator 里封装的 SetBool（“move” ,true）来切换动画。代码通过查看水平、垂直的虚拟轴的值来判断是移动还是站立，如图 8.23 所示。

```
void Awake()
{
    animator = GetComponent<Animator>();
    if (!animator)
        Debug.Log("animator is no find");
}

// Update is called once per frame
void Update () {
    float h = Input.GetAxis("Horizontal");
    float v = Input.GetAxis("Vertical");
    if (h != 0 || v != 0)
    {
        animator.SetBool("move", true);
    }
    else
    {
        animator.SetBool("move", false);
    }
}
```

图 8.23　代码控制动画切换

（9）运行游戏，通过键盘上的方向键或者 WSAD 可以切换是站立还是移动动画，但是，idel 和 move 动画只播放一次，所以需要先把两个动画设置为循环播放，如图 8.24 所示。

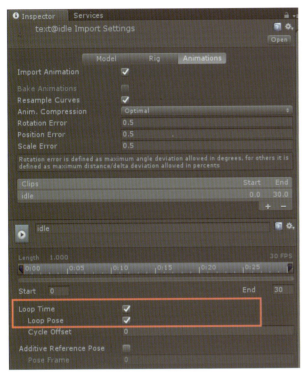

图 8.24　设置动画循环播放

对于两个动画间的过渡，可以把“Has Exit Time”复选框的勾选去掉，这样两个动画间的切换不需要等一个动画播完，而是条件一满足就可以直接播放下一个动画，如图 8.25 所示。

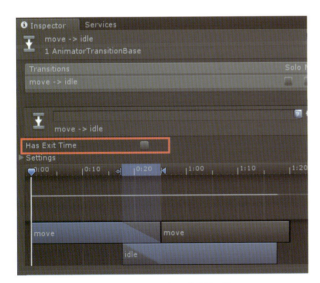

图 8.25　设置动画直接切换

在脚本里加几行代码，以控制模型的移动和转向，如图 8.26 所示。保存脚本运行游戏并测试效果。

```
public float velocity = 30;  //速度
private Animator animator;
private Rigidbody rigi;
void Awake()
{
    animator = GetComponent<Animator>();
    if (!animator)
        Debug.Log("animator is no find");
    rigi = GetComponent<Rigidbody>();
    if (!rigi)
        Debug.Log("Rigidbody is miss");
}

// Update is called once per frame
void Update () {
    float h = Input.GetAxis("Horizontal");
    float v = Input.GetAxis("Vertical");
    Vector3 vel = new Vector3(h, 0, v);
    if (h != 0 || v != 0)
    {
        //切换移动动作
        animator.SetBool("move", true);
        //模型移动
        rigi.velocity = new Vector3(velocity * h, 0, velocity * v);
        //模型转向
        transform.LookAt(vel + transform.position);
    }
    else
    {
        //切换站立动作
        animator.SetBool("move", false);
        rigi.velocity = new Vector3(0, 0, 0);
    }
}
```

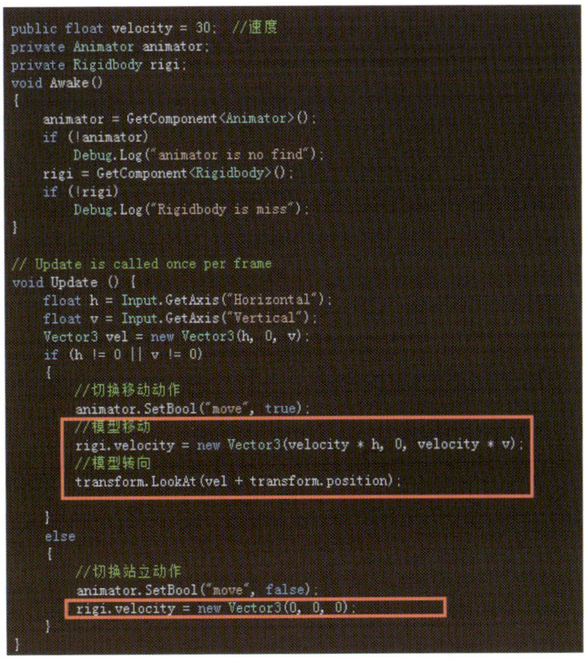

图 8.26　脚本控制人物移动和朝向

（10）回到 Animator 窗口，新建一个动画层，重命名为 Battle，同时设置 Battle 层的权重，设置为 1，Blending 属性设置为 Additive，这层用来做与战斗相关的动画，如图 8.27 所示。

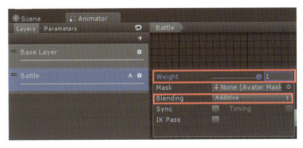

图 8.27　新建动画层

创建一个 empty，作为 Battle 层动画的入口，把 attack1 和 attack2 两个攻击动画拖到 Animator 窗口，连接好动画过渡，在左边条件窗口添加一个 Trigger 类型的条件变量 attack，让它作为攻击动作的切换条件，如图 8.28 所示。

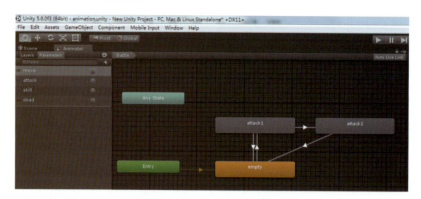

图 8.28 设置 Battle 层状态机

在脚本里添加代码，当空格键按下时播放攻击动作，如图 8.29 所示。

```
// Update is called once per frame
0 个引用
void Update () {
    float h = Input.GetAxis("Horizontal");
    float v = Input.GetAxis("Vertical");
    Vector3 vel = new Vector3(h,0,v);
    if (h != 0 || v != 0)
    {
        animator.SetBool("move", true);
        rigi.velocity = new Vector3(velocity * h, 0, velocity * v);
        transform.LookAt(vel + transform.position);

    }
    else
    {
        animator.SetBool("move", false);
        rigi.velocity = new Vector3(0, 0,0);
    }
    if (Input.GetKeyUp(KeyCode.Space))
        animator.SetTrigger("attack");
}
```

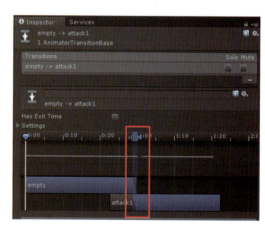

图 8.29 代码控制攻击动画

这里动画间的过渡时间有点长，可以做一些调整，如图 8.30 所示，调整两个动画间的过渡长度。取消“Has Exit Time”复选框的勾选，让它一触发就执行下一个动作。同理，把 attack1 → attack2、attack1 → empty 和 attack2 → empty 间的过渡动画缩短，让动作过渡看起来更流畅。

图 8.30 缩短两个动画间的过渡动作

设置完成后运行游戏，测试一下效果，通过 w、s、a、d 键控制移动，用空格键来攻击。动画可以正常地过渡切换，如图 8.31 所示。

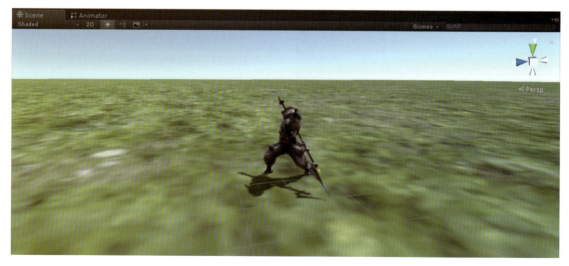

图 8.31 测试效果

第 9 章
物 理 系 统

学习目标:
- 学习使用物理引擎制作简单的应用场景
- 学习物理组件 Rigidbody 和 Collider 的使用
- 学习角色控制器 Character Controller 组件的使用

Unity 为用户提供了可靠的物理引擎系统,当一个游戏对象运行在场景中,进行加速或碰撞时,需要为玩家展示最为真实的物理效果。Unity 5.0 集成了 PhysX3.3,使物理性能大幅提高。Unity 为广大用户提供了多个物理模拟的组件。通过修改相应参数,使游戏对象表现出与现实相似的各种物理行为。本章将介绍 Unity 物理引擎的简单使用方法。

※ 9.1 概述

Unity 中内置两种独立的物理引擎，即一个 3D 物理引擎和一个 2D 物理引擎，两种物理引擎之间的使用方法基本相同，但是需要使用不同的组件实现，如 Rigidbody 与 Rigidbody2D。Unity 5.0 中的 2D 物理系统集成了 4 种常用的物理效应，用户可以简单实现各种物理效果。

※ 9.2 应用示例

（1）启动 Unity 程序，创建一个新的工程，命名为"Project_Physics_Test"，并保存场景，命名为"Scene_Physics_Test1"。

（2）依次选择菜单栏中的 GameObject → 3D Object 命令，创建一个 Cylinder（圆柱体），然后创建一个 Plane（平面），如图 9.1 所示。

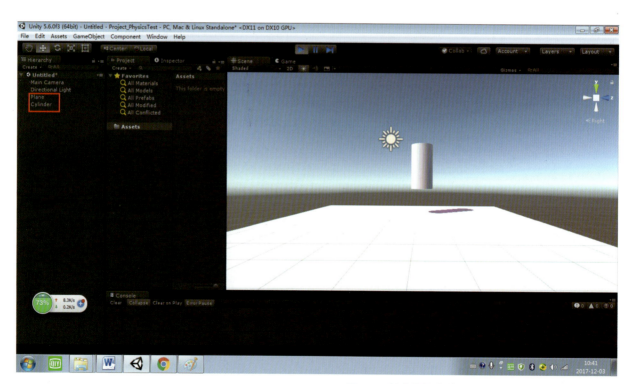

图 9.1　创建圆柱体游戏对象

（3）给游戏对象添加刚体。在 Hierarchy 视图中选中 Cylinder，然后依次选择菜单栏中的 Component → Physics → Rigidbody 命令，为 Cylinder 添加一个刚体组件，并调整 Cylinder 的位置，保存场景，如图 9.2 所示。

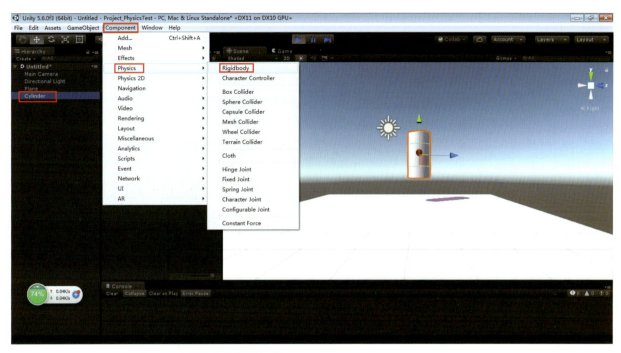

图 9.2 为圆柱添加刚体组件

（4）单击工具栏中的"播放"按钮，在 Game 视图中可以看到 Cylinder 会向下落到 Plane 上，如图 9.3 所示。

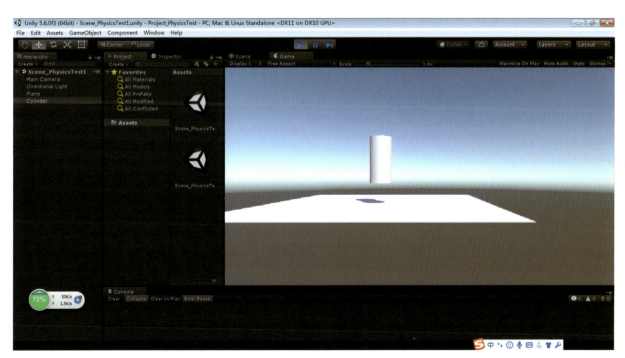

图 9.3 添加刚体后的圆柱受重力下落

（5）依次选择菜单栏中的 GameObject → 3D Object → Sphere 命令，创建一个 Sphere（球体）。在 Hierarchy 视图中选中 Sphere，依次选择菜单栏中的 Component → Physics → Rigidbody 命令，为 Sphere 添加一个刚

体组件。在 Sphere 的 Inspector 视图中，取消选中 Rigidbody 下的"Use Gravity"复选框，表示物体不会受到重力作用，如图 9.4 所示。

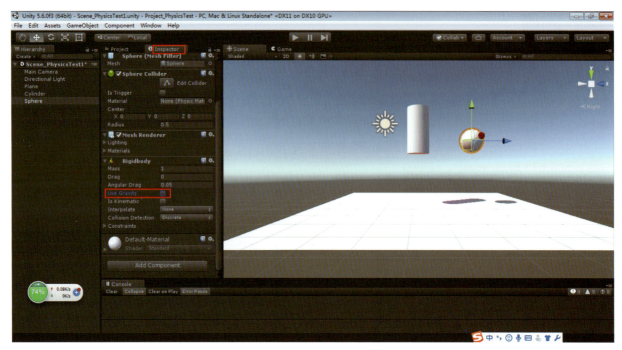

图 9.4　添加球体对象并添加物理组件

（6）单击工具栏中的"播放"按钮，在 Game 视图中可以看到圆柱向下落，而球体不会往下落，如图 9.5 所示。

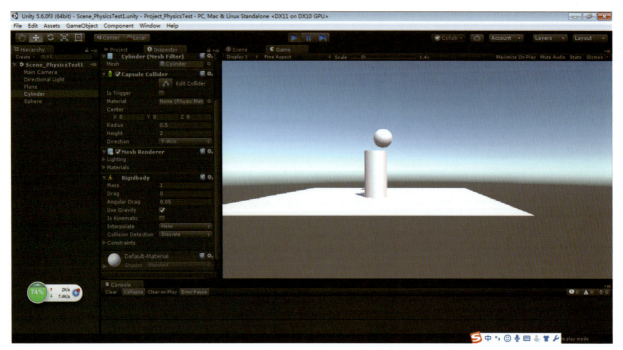

图 9.5　两种游戏对象不同的运动效果

※ 9.3 物理系统相关组件及参数详解

9.3.1 Rigidbody 组件

为游戏对象添加 Rigidbody（刚体）组件，实现该对象在场景中的物理交互。当游戏对象添加了 Rigidbody 组件后，游戏对象便可以像真实世界中一样受到力的效果，如重力、阻力、质量等。任何游戏对象只有在添加 Rigidbody 组件后才会受到重力影响。下面介绍为 Unity 游戏对象添加 Rigidbody 组件的方法。

（1）创建一个 Cylinder（圆柱体），选中该对象，然后依次选择菜单栏中的 Component → Physics → Rigidbody 命令，为 Cylinder 添加一个刚体组件，如图 9.6 所示。

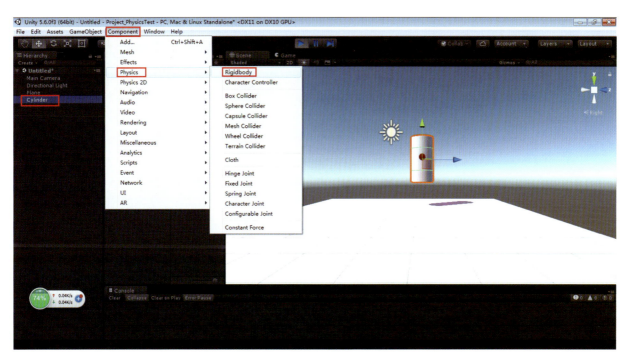

图 9.6　为圆柱添加刚体组件

（2）Rigidbody 组件的属性面板如图 9.7 所示。

图 9.7　**Rigidbody** 组件的属性面板

Rigidbody 组件的参数如表 9.1 所示。

表 9.1　Rigidbody 组件的参数说明

参数名及含义	参数说明
Mass（质量）	设置游戏对象的质量
Drag（阻力）	当游戏对象受力运动时受到的空气阻力。0 表示无阻力
Angular Drag（角阻力）	当游戏对象受扭矩力旋转时受到的空气阻力。0 表示无阻力
Use Gravity（使用重力）	若选中此复选框，游戏对象会受到重力的影响
Is Kinematic（是否开启动力学）	若选中此复选框，游戏对象将不再受到物理引擎的影响，从而只能通过 Transform（几何变换组件）属性对其操作
Constraints（约束）	用于控制对于刚体运动的约束
	Freeze Position：冻结位置
	Freeze Rotation：冻结旋转

9.3.2　Character Controller 组件

Character Controller（角色控制器）主要用于对第三人称或第一人称游戏主角的控制，并不使用刚体物理效果。下面介绍添加 Character Controller 组件的方法。

（1）选中要控制的游戏对象，依次选择菜单栏中的 Component → Physics → Character Controller 命令，即可为游戏对象添加 Character Controller 组件，如图 9.8 所示。

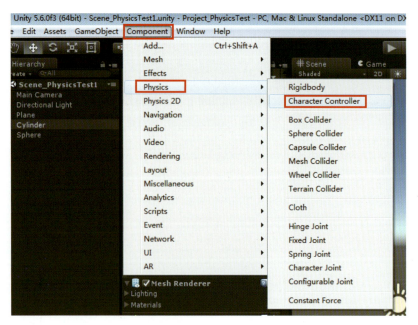

图 9.8　为游戏对象添加 Character Controller 组件

（2）Character Controller 组件属性面板如图 9.9 所示。

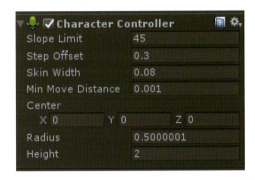

图 9.9　Character Controller 组件属性面板

Character Controller 组件的各参数如表 9.2 所示。

表 9.2　Character Controller 组件的参数说明

参数名及含义	参数说明
Slope Limit（坡度限制）	用于设置所控制的游戏对象只能爬上角度不大于该参数值的斜坡
Step Offset（台阶高度）	用于设置所控制的游戏对象可以迈上的最高台阶的高度
Skin Width（皮肤厚度）	决定两个碰撞体可以相互渗入的深度，较大的参数值会产生抖动现象，较小的参数值会导致所控制的游戏对象被卡住，通常设置成 Radius 的 10%
Min Move Distance（最小移动距离）	如果所控制的游戏对象的移动距离小于该值，则游戏对象不会移动，这样可以避免抖动
Center（中心）	决定了胶囊碰撞体与所控制的游戏对象的相对位置
Radius（半径）	用于设置胶囊碰撞体的半径
Height（高度）	用于设置胶囊碰撞体的高度

9.3.3　碰撞体组件

碰撞体是物理组件中的一类，3D 物理组件和 2D 物理组件有独立的碰撞体组件。本小节主要讲解 3D 物理组件。它要与刚体一起添加到游戏对象上才能触发碰撞。如果两个刚体相互撞在一起，除非两个对象都有碰撞体时，物理引擎才会计算碰撞，在物理模拟中，没有碰撞体的刚体会彼此相互穿过。

在 3D 物理组件中添加碰撞体的方法：首先选中一个游戏对象，然后依次选择菜单栏中的 Component → Physics 命令，可以选择不同的碰撞体类型，如图 9.10 所示，这样就在该对象上添加了碰撞体组件。

下面介绍碰撞体的类型。

（1）Box Collider（盒碰撞体）。盒碰撞体是一个立方体碰撞体，其属性面板如图 9.11 所示。该碰撞体可以调整为不同大小的长方体。

Box Collider 组件的各参数如表 9.3 所示。

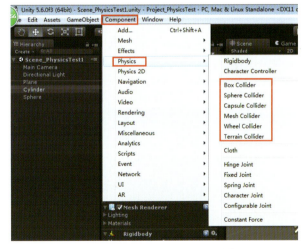

图 9.10　3D 物理组件中的碰撞体类型

图 9.11　Box Collider 属性面板

表 9.3 Box Collider 组件的参数说明

参数名及含义	参数说明
Edit Collider（编辑碰撞体）	单击 按钮即可在 Scene 视图中编辑碰撞体
Is Trigger（触发器）	选中该复选框，则该碰撞体可用于触发事件，忽略物理碰撞
Material（材质）	采用不同的物理材质类型，以决定碰撞体与其他对象的交互形式，单击右侧的 按钮可弹出物理材质选择对话框
Center（中心）	碰撞体在对象局部坐标中的位置
Size（大小）	碰撞体在 X、Y、Z 方向上的大小

（2）Sphere Collider（球形碰撞体）。球形碰撞体是一个基本球体的碰撞体，属性面板如图 9.12 所示。球形碰撞体的三维大小可以均匀地调节，但不能单独调节某个坐标轴方向的大小，该碰撞体适用于落石、乒乓球等游戏对象。

图 9.12 Sphere Collider 属性面板

Sphere Collider 组件的各参数如表 9.4 所示。

表 9.4 Sphere Collider 组件的参数说明

参数名及含义	参数说明
Edit Collider（编辑碰撞体）	单击 按钮即可在 Scene 视图中编辑碰撞体
Is Trigger（触发器）	选中该项，则该碰撞体可用于触发事件，同时忽略物理碰撞
Material（材质）	采用不同的物理材质类型，以决定碰撞体与其他对象的交互形式，单击右侧的 按钮可弹出物理材质选择对话框，可为碰撞体选择一个物理材质
Center（中心）	碰撞体在对象局部坐标中的位置
Radius（半径）	碰撞体的半径

（3）Capsule Collider（胶囊碰撞体）。其属性面板如图 9.13 所示。胶囊碰撞体的半径和高度都可以单独调节，Unity 中的角色控制器通常内嵌了胶囊碰撞体。

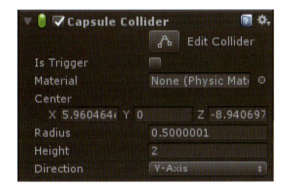

图 9.13 Capsule Collider 属性面板

Capsule Collider 组件的各参数如表 9.5 所示。

表 9.5 Capsule Collider 组件的参数说明

参数名及含义	参数说明
Edit Collider（编辑碰撞体）	单击 按钮即可在 Scene 视图中编辑碰撞体
Is Trigger（触发器）	选中该复选框，则该碰撞体可用于触发事件，同时忽略物理碰撞
Material（材质）	采用不同的物理材质类型，以决定碰撞体与其他对象的交互形式，单击右侧的 按钮可弹出物理材质选择对话框，可为碰撞体选择一个物理材质
Center（中心）	碰撞体在对象局部坐标中的位置
Radius（半径）	碰撞体中半圆的半径
Height（高度）	用于控制碰撞体中圆柱的高度
Direction（方向）	在对象的局部坐标系中胶囊的纵向所对应的坐标轴，默认是 Y 轴

（4）Mesh Collider（网格碰撞体）。网格碰撞体通过获取网格对象并在其基础上构建碰撞，与在复杂网格模型上使用基本碰撞体相比，网格碰撞体要更加精细，但会占用更多的系统资源。开启 Convex 参数的网格碰撞体才可以与其他的网格碰撞体发生碰撞，其属性面板如图 9.14 所示。

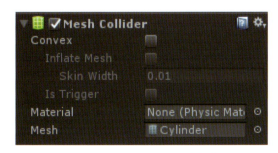

图 9.14 Mesh Collider 属性面板

Mesh Collider 组件的各参数如表 9.6 所示。

表 9.6 Mesh Collider 组件的各参数说明

参数名及含义	参数说明
Convex（凸起）	选中该复选框，则网格碰撞体会与其他的网格碰撞体发生碰撞
Is Trigger（触发器）	选中该复选框，则该碰撞体可用于触发事件，同时忽略物理碰撞
Material（材质）	采用不同的物理材质类型，以决定碰撞体与其他对象的交互形式，单击右侧的 ◉ 按钮可弹出物理材质选择对话框，可为碰撞体选择一个物理材质
Mesh（网格）	获取游戏对象的网格，并将其作为碰撞体

第 10 章
Unity 脚本开发基础

学习目标：
- 了解 Unity 脚本的使用
- 学习 C# 的基本语法
- 掌握 Unity 常用脚本的 API

Unity 脚本开发是整个游戏开发过程中的重要环节，即便最简单的游戏也需要脚本来响应用户的操作，此外游戏场景中的事件触发，游戏对象的创建和销毁等都需要通过脚本来控制。Unity 内置了脚本资源包，提供了游戏开发中的常用脚本，帮助开发者快速实现游戏的基本功能。

※ 10.1 脚本介绍

在 Unity 中，脚本可以理解为附加在游戏对象上的用于定义游戏对象行为的指令代码，脚本与组件的用法相同，必须绑定在游戏对象上才能开始它的生命周期。

在 Unity 中允许使用 C#、JavaScript 语言来编写脚本，早期的 Unity 版本还支持 Boo 语言，在 Unity 5.0 后的版本移除了。开发者可以选择自己熟悉或喜爱的语言来实现游戏的脚本，但还是建议使用 C#，因为大量的游戏均使用 C# 语言来编写脚本，而且 C# 是面向对象的编程语言，编程思想上更为接近 Unity 引擎。Unity 里集成了脚本编辑器 MonoDevelop，有很多开发者习惯了使用微软的 Visual Studio 工具做开发，Unity 也是支持的。

※ 10.2 Unity 脚本语言

Unity 5.0 只支持两种脚本语言，即 JavaScript 和 C#，用户可以使用其中一种或同时使用两种语言来进行游戏脚本的开发，这两种脚本语言都会被编译成 Unity 内置的中间代码，因此运行速度都很快。JavaScript 相对而言语法较为简单，比较容易入门。C# 本身有很强大的语言特性，比 JavaScript 更适合进行深入开发，大多数的 Unity 第三方插件都是用 C# 编写的。

※ 10.3 创建并运行脚本

10.3.1 创建脚本

学习每种语言的第一个案例都是 HelloWorld，所以这里也将通过创建 HelloWorld 程序来开启脚本编程之旅，在 Unity 中新建脚本文件的方法如下。

（1）依次选择菜单栏中的 Assets → Create → C# Script（或者 Javascript）命令，如图 10.1 所示；也可以直接在 Hierarchy 窗口单击鼠标右键，选择快捷菜单中的 Create → C# Script（或者 javascript）命令。

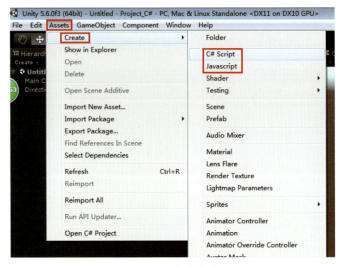

图 10.1 创建脚本

（2）新建的脚本文件会出现在 Project 视图中，默认命名为 NewBehaviourScript，可为脚本输入新的名词，如图 10.2 所示，将脚本命名为 HelloWorld。注意脚本的名字一定要和脚本里面的类名一致；否则会报错。

图 10.2 命名脚本

10.3.2 Visual Studio 2013 编辑器

在 Project 视图中双击脚本文件 HelloWorld，Unity 会自动启动 Visual Studio 集成开发环境来编辑脚本，如图 10.3 所示。如果你的电脑没有安装 Visual Studio，会打开 Unity 自带的 MonoDevelop 脚本编辑器，两种编辑器都可以用。

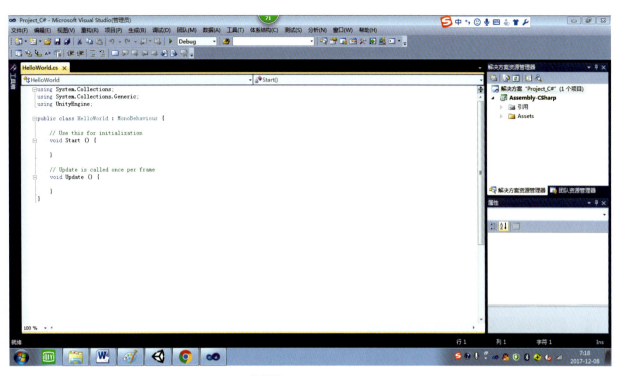

图 10.3　Visual Studio 编辑器

如果安装了 Visual Studio，且默认还是打开 MonoDevelop，就可以在 Unity 中设置，如图 10.4 所示，选择菜单栏中的 Edit → Preferences → External Tools 命令，在 External Script Editor 下拉列表框中选择 Visual Studio 2013 选项。

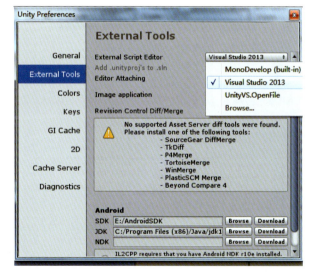

图 10.4　设置脚本编辑工具

※ 10.4　C# 基本语法

1. 变量

C# 定义变量的一般格式如下：

数据类型 变量名；

变量前面可以添加的访问控制符包括 public、protected、private 等，不添加控制符则默认为 private。

C# 支持 15 种数据类型，包括值类型和引用类型。值类型包括整数类型、字符类型、浮点类型、布尔类型、结构和枚举类型等。引用类型包括类、接口、数组、字符串等。

2. 数组

在 C# 中只能使用内建数组。新建 C# 脚本 CSArray，代码如图 10.5 所示。

```
using System.Collections;
using System.Collections.Generic;
using UnityEngine;

public class CSArray : MonoBehaviour {
    //声明并创建一个整型数组
    public int[] array = new int[5];
    void Start () {
        //给数组元素赋值
        for (int i = 0; i < array.Length; i++) { array[i] = i; }
        //读取数组元素
        foreach (int x in array) { Debug.Log(x); }
    }

    // Update is called once per frame
    void Update () {
    
    }
}
```

图 10.5　脚本 CSArray 代码

将 CSArray 脚本绑定到游戏对象，运行后结果如图 10.6 所示。

图 10.6　数组输出结果

虽然不能使用 Array 数组，但可以使用 ArrayList、List 等容器来达到同样的目的。新建 C# 脚本 CSArray2，代码如图 10.7 所示。

```
using System.Collections;
using System.Collections.Generic;
using UnityEngine;

public class CSArray2 : MonoBehaviour {
    //声明并创建一个元素类型为int的List容器
    public List<int> list = new List<int>();
    // Use this for initialization
    void Start () {

        //为list的元素赋值
        for (int i =5; i < 10;i=i+2 )
        { list.Add(i); }

        //读取list的元素
        foreach(int x in list)
        { Debug.Log(x); }
    }

    // Update is called once per frame
    void Update () {
    
    }
}
```

图 10.7　脚本 CSArray2 代码

将 CSArray2 脚本绑定到游戏对象，运行后结果如图 10.8 所示。

图 10.8　数组输出结果

3. 运算符

运算符是数据间进行运算的符号。按运算类型可分为算术运算符、逻辑运算符、关系运算符、条件运算符等。

C# 中的算术运算符就是用来处理四则运算的符号，具体如表 10.1 所列。

表 10.1　C# 中的算术运算符

名称	运算符
加法运算符	+
减法运算符	−
乘法运算符	*
除法运算符	/
求余运算符	%
自增运算符	++
自减运算符	−−

逻辑运算符用于逻辑运算，运算对象都是布尔型，运算结果也为布尔型，具体如表 10.2 所列。

表 10.2　C# 中的逻辑运算符

名称	运算符	运算结果
逻辑与	&&	当且仅当两个操作数的值都为"真"时，运算结果为"真"；否则为"假"
逻辑或	||	当且仅当两个操作数的值都为"假"时，运算结果为"假"；否则为"真"
逻辑非	!	当操作数的值为"真"时，运算结果为"假"；当操作数的值为"假"时，运算结果为"真"

关系运算符用于比较两个操作数的大小，运算结果为布尔型，具体如表 10.3 所示。

表 10.3　C# 中的关系运算符

名称	运算符
等于	==
不等于	!=
小于	<
大于	>
小于或等于	<=
大于或等于	>=

条件运算符有 3 个操作数。

语法格式如下：＜表达式 1＞？＜表达式 2＞：＜表达式 3＞

4. 语句

1）if 语句

根据条件判断应该执行哪个选择，可以提供一种、两种或多种选择，但每次只会执行一个选择。语法格式如下：

```
if（条件 1）{语句序列 1}
else if（条件 2）{语句序列 2}
……
else {语句序列 n}
```

2）switch 语句

通过匹配特定表达式的值，决定程序执行哪一段语句序列。语法格式如下：

```
switch（表达式）
{
    case　值 1：…break;
    case　值 2：…break;
    case　值 3：…break;
    …
    default：…break;
}
```

3）while 语句

反复进行条件判断，只要条件成立，就会执行循环体，直到条件不成立，循环结束。语法格式如下：

```
while（条件）
{
    // 循环体语句
}
```

4）do...while 语句

do...while 循环中条件即使为假，也至少执行一次该循环体中的语句。语法格式如下：

```
do
{
    // 循环体语句
} while（条件）；
```

5）for 语句

只有在对特定条件进行判断后才允许执行循环，用于将某个语句或语句块重复执行预定次数的情形。语法格式如下：

```
for（初始值；条件；增/减）
{
    // 循环体语句
}
```

6）foreach 语句

用于遍历整个集合或数组。语法格式如下：

```
foreach（数据类型 元素 in 集合/数组）
{
    // 循环体语句
}
```

5. 函数

函数语法格式如下：

```
访问控制符  返回值类型  函数名（参数列表）
{
    // 函数体，即函数中处理数据的实现过程；
    // 如果需要还可以有返回值；
}
```

6. C# 脚本

在使用 C# 编写脚本时还需要注意以下几个规则。

（1）凡是需要添加到游戏对象的 C# 脚本类，都需要直接或间接地从 MonoBehaviour 类继承。对于在 Unity 编辑器中新建的 C# 脚本，Unity 会自动帮助开发者完成继承的相关代码。如果是在别的地方创建的 C# 脚本，就需要把继承关系添加上；否则 C# 脚本是不能添加到游戏对象上的。

（2）使用 Start 或者 Awake 函数来初始化，避免使用构造函数。不使用构造函数的原因是在 Unity 里无法确定构造函数何时被调用。

（3）类名要与脚本文件名相同；否则在添加脚本到游戏对象时会提示错误。这里要求与文件名同名的类指的是从 MonoBehaviour 继承的行为类，普通的 C# 类可以随意命名。

※ 10.5 访问游戏对象和组件

10.5.1 MonoBehaviour 类

Unity 中的脚本都是继承自 MonoBehaviour，它定义了基本的脚本行为和声明周期。MonoBehaviour 还定义了对各种特定事件（如模型碰撞、脚本激活等）的响应函数，这些函数名称均以 On 开头。表 10.4 罗列出部分常用的事件响应函数。

表 10.4 常用的事件响应函数

事件响应函数	说明
OnTriggerEnter	当其他碰撞体进入触发器时调用
OnTriggerExit	当其他碰撞体离开触发器时调用
OnTriggerStay	当其他碰撞体停留在触发器时调用
OnCollisionEnter	当碰撞体或者刚体与其他碰撞体或者刚体接触时调用
OnCollisionExit	当碰撞体或者刚体与其他碰撞体或者刚体停止接触时调用
OnCollisionStay	当碰撞体或者刚体与其他碰撞体或者刚体保持接触时调用
OnControllerColliderHit	当控制器移动时与碰撞体发生碰撞时调用
OnEnable	对象启用或者激活时调用
OnDisable	对象禁用或者取消激活时调用
On Destroy	脚本销毁时调用

10.5.2 访问游戏对象

在 Unity 场景中出现的所有物体都属于游戏对象（GameObject），游戏对象和脚本是紧密联系的，游戏对象间的交互通常是通过脚本来实现的。在 Unity 中，用户可以通过以下几种方式来访问游戏对象。

1. 通过名称来查找

使用函数 GameObject.Find，如果场景中存在指定名称的游戏对象，那么返回该对象的引用；否则返回空值 null。如果存在多个重名的对象，那么返回第一个对象的引用。示例代码片段如下：

```
GameObject myobject;

    void Start () {
        myobject = GameObject.Find("MainCharacter");
    }
```

2. 通过标签来查找

GameObject.FindWithTag，场景中的每个对象都

可以设置标签，如果场景中存在指定标签的游戏对象，那么返回该对象的引用；否则返回空值 null。如果多个游戏对象使用同一标签，那么返回第一个对象的引用。如果想获取场景中使用相同标签的游戏对象，可以通过 GameObject.FindGameObjectsWithTag（）方法获取游戏对象数组。示例代码片段如下：

```
GameObject myobject;
GameObject[] myobjects;

    void Start () {
    myobject = GameObject.FindWithTag("MainCharacter");
        myobjects = GameObject.FindGameObjectsWithTag("MainCharacters");
    }
```

同样地，上述几个函数比较耗时，应避免在 Update 中调用这些获取组件的函数，而应该在初始化时（Awake 方法或者 Start 方法）把组件的引用保存在变量中。

10.5.3 访问组件

脚本可以认为是开发者自定义的组件，并且可以添加到游戏对象上来控制游戏对象的行为。

一个游戏对象可能由若干组件构成。例如，依次选择菜单栏中的 GameObject → 3D Object → Cube 命令，在场景中新建一个立方体 Cube 后，在 Inspector 视图中可以看到一个简单的立方体默认包含了 4 个组件。

Transform 组件，用于定义对象在场景中的位置、角度、缩放参数。

Mesh Filter 组件，用来从资源文件中读取模型。

Box Collider 组件，用来为立方体添加碰撞效果。

Mesh Renderer 组件，用来在场景中渲染立方体模型。

也正是因为这 4 个组件，最终才能在画面中看到立方体的图像，如图 10.9 所示。

图 10.9　Cube 在 Inspector 视图中的组件

既然编写脚本的目的是用来定义游戏对象的行为，因此会经常需要访问游戏对象的各种组件，并设置组件参数。对于系统内置的常用组件，Unity 提供了非常便利的访问方式，只需要在脚本里直接访问组件对应的成员变量即可，这些成员变量定义在 MonoBehaviour 中并被脚本继承下来。如果游戏对象上不存在某组件，则该组件对应变量的值将为空值 null。常用的组件及其对应变量如表 10.5 所示。

表 10.5　常用组件及其变量

组件名称	变量名	组件作用
Transform	transform	设置对象位置、旋转、缩放
Rigidbody	rigidbody	设置物理引擎的刚体属性
Renderer	renderer	渲染物体模型
Light	light	设置灯光属性
Camera	camera	设置相机属性
Collider	collider	设置碰撞体属性
Animation	animation	设置动画属性
Audio	audio	设置声音属性

如果要访问的组件不属于表 10.5 中的常用组件，或者访问的是游戏对象上的脚本，可以通过表 10.6 中

的函数来得到组件的引用。

表 10.6　函数列表

函数名	作用
GetComponent	得到组件
GetComponents	得到组件列表
GetComponentInChildren	得到对象或对象子物体上的组件
GetComponentsInChildren	得到对象或对象子物体上的组件列表

下面给出函数使用的简单实例。

```
void Start () {
    // 得到游戏对象上的 Example 脚本组件
    Example s = GetComponent<Example>();
    // 得到游戏对象上的 Transform 脚本组件
    Transform t = GetComponent<Transform>();
}
```

需要注意的是，调用 GetComponent 函数比较耗时，因此应尽量避免在 Update 中调用这些获取组件的函数，而是应该在初始化时把组件的引用保存在变量中。下面给出运行高效的代码实例。

```
// 声明一个组件变量
Example s;
void Start () {
    // 在初始化中把组件引用保存到变量
    s = GetComponent<Example>();
}
void Update () {
    // 在 Update 中直接访问组件变量
    s.DoSth();
}
```

下面给大家介绍 Unity 编辑器中另一种非常简单的访问组件或游戏对象的方法。通过声明访问权限为 public 的变量，然后将要访问的组件或对象赋值给该变量，就可以在脚本中通过变量来访问组件或对象了。具体做法如下。

假设在场景中有 Player、Cube、Sphere 这 3 个游戏对象，Player 对象上已经添加了脚本 Player.cs，现在需要在脚本中访问 Cube 游戏对象以及 Sphere 对象的 Transform 组件。

（1）在 Palyer.cs 脚本中添加两个成员变量，访问权限设置为 public。

```
using System.Collections;
using System.Collections.Generic;
using UnityEngine;
publicclassPlayer : MonoBehaviour {
    // 声明 GameObject 类型的成员变量 c
    public GameObject c;
    // 声明 Transform 类型的成员变量 s
    public Transform s;
    void Start () {    }
    void Update () {    }
}
```

（2）保存脚本，查看 Player 游戏对象的 Inspector 视图，可以看到 Player 脚本的视图参数增加了两项刚才添加的成员变量且没有赋值，如图 10.10 所示。

图 10.10　脚本的成员变量

（3）单击图 10.10 中 C 成员右侧的 ◎ 图标按钮，在打开的对话框中选择 Cube。单击图 10.10 中 S 成员右侧的 ◎ 图标按钮，在打开的对话框中选择 Sphere，即完成对两个成员变量的赋值。赋值后 Inspector 视图如图 10.11 所示。这样在脚本中就可以直接通过访问两个成员变量来达到访问两个游戏对象的目的。

图 10.11　变量赋值

※ 10.6 常用脚本 API

Unity 引擎提供了丰富的组件和类库，为游戏开发提供了便利，熟练掌握和使用这些 API，对于提高游戏开发的效率非常重要，本节将介绍一些常用的 API 和使用方法。

10.6.1 Transform 组件

Transform 组件控制游戏对象在 Unity 场景中的位置、旋转和缩放，每个游戏对象都包含一个 Transform 组件。在游戏中如果想更新玩家位置、设置相机观察角度都免不了要和 Transform 组件打交道。表 10.7 列出了 Transform 组件的部分成员变量。

表 10.7　Transform 组件的部分成员变量

成员变量	说明
position	世界坐标系中的位置
localPosition	父对象局部坐标系中的位置
eulerAngles	世界坐标系中以欧拉角表示的旋转
localEulerAngles	父对象局部坐标系中的欧拉角
right	对象在世界坐标系中的右方向
up	对象在世界坐标系中的上方向
forward	对象在世界坐标系中的前方向
rotation	世界坐标系中以四元数表示的旋转
localRotation	父对象局部坐标系中以四元数表示的旋转
localScale	父对象局部坐标系中的缩放比例

表 10.8 列出了 Transform 组件的成员函数。

表 10.8　Transform 组件的成员函数

成员函数	说明
Translate	按指定的方向和距离平移
Rotate	按指定的欧拉角旋转
RotateAround	按给定旋转轴和旋转角度进行旋转
LookAt	旋转使得自身的前方向指向目标的位置
Find	按名称查找子对象

10.6.2 Time 类

在 Unity 中可以通过 Time 类来获取和时间有关的信息，可以用来计算帧速率，调整时间流逝速度等功能。Time 类包含了一个重要的类变量 deltaTime，它表示距上一次调用所用的时间。Time 类的成员变量如表 10.9 所示。

表 10.9 Time 类的成员变量

成员变量	说明
time	游戏从开始到现在经历的时间（秒）（只读）
deltaTime	上一帧耗费的时间（秒）（只读）
fixedTime	最近 FixedUpdate 的时间，该时间从游戏开始计算

第 11 章
输入与控制

学习目标:
- 了解输入管理类 Input
- 学习键盘输入
- 学习鼠标输入
- 学习触屏操作输入

在游戏中,玩家控制主角移动、按键攻击、选择行走,都需要在程序中监听玩家的输入。Unity 为开发者提供了 Input 库,来支持键盘事件、鼠标事件以及处理 iOS/Android 等移动设备的触摸输入信息。InputManager(输入管理器)用于为项目定义各种不同的输入轴和操作。开发人员可以通过编写脚本接收输入信息,完成与用户的交互。

※ 11.1 Input Manager（输入管理器）

在 Input 类中，Key 与物理按键对应，如键盘、鼠标、摇杆上的按键，可以通过按键名称或者按键编码 Keycode 来获得其输入状态，如 GetKeyDown（KeyCode.Space）会在按"Space"键时返回 true 值。

Button 是输入管理器 Input Manager 中定义的虚拟按键，通过名称来访问。用户可以根据需要创建和命名虚拟按键，并设置虚拟按键的属性，如虚拟按键的名字、类型、关联的物理按键等。例如，Unity 默认为用户创建了名为 Horizontal 的虚拟按键，并将键盘左、右键和 A、S 键的消息映射给了 Horizontal。依次选择菜单栏中的 Edit → Project Settings → Input 命令，即可打开输入管理器，如图 11.1 所示。

图 11.1 输入管理器

※ 11.2 鼠标输入

鼠标输入是最基本的输入方式之一。游戏中的很多操作都需要鼠标来完成，鼠标输入的相关事件包括鼠标移动、按键单击等，Input 类中也都封装好了，相关的方法和变量可以参考表 11.1。

表 11.1 Input 类中和鼠标输入有关的方法和变量

方法和变量	说明
mousePosition	得到当前鼠标位置，用屏幕的像素坐标表示，屏幕左下角为坐标原点（0,0），右上角为（Screen.width, Screen.height），其中 Screen.width 为屏幕分辨率的宽度，Screen.height 为屏幕分辨率的高度，mousePosition 的变量类型为 Vector3，其中 X 为水平坐标，Y 为垂直坐标，Z 分量始终为 0
GetMouseButtonDown	鼠标按键按下的第一帧返回 true
GetMouseButtonUp	鼠标按键松开的第一帧返回 true
GetMouseButton	鼠标按键按下期间一直返回 true
GetAxis（"Mouse X"）	得到一帧内鼠标在水平方向的移动距离
GetAxis（"Mouse Y"）	得到一帧内鼠标在垂直方向的移动距离

GetMouseButtonDown、GetMouseButtonUp、GetMouseButton 这 3 个方法需要传入参数来指定判断哪个鼠标按键，0 对应左键，1 对应右键，2 对应中键。

下面是处理鼠标输入的一些示例。

鼠标按健事件响应代码如下：

```
void Update () {
        if ( I n p u t .GetMouseButton(0))
             { print("鼠标左键被按下"); }
    if (Input.GetMouseButtonDown(1))
             { print("鼠标右键被按下"); }
    if (Input.GetMouseButtonUp(2))
             { print("鼠标中键抬起");
             print("当前鼠标位置为："+Input.mousePosition);
        }
    }
```

脚本运行结果如图 11.2 所示。

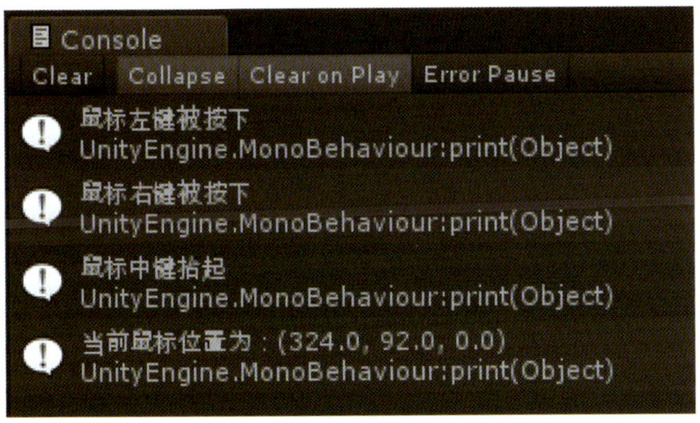

图 11.2 脚本运行结果

※ 11.3 键盘操作

和键盘有关的输入事件有按键按下、按键释放、按健长按，方法 Input 类中都封装好了，部分方法可以参考表 11.2 所列的 Input 类中键盘输入的方法。

表 11.2 Input 类中键盘输入的方法

输入方法	说明
GetKey	按键按下期间返回 true
GetKeyDown	按键按下的第一帧返回 true
GetKeyUp	按键松开的第一帧返回 true
GetAxis（"Horizontal"）和 GetAxis（"Vertical"）	用方向键或 W、A、S、D 键来模拟 -1~1 的平滑输入

与键盘有关的输入方法通过传入按键名称字符串或者按键编码 KeyCode 来指定要判断的按键。常用按键的按键名与 KeyCode 编码可以参考表 11.3 所列的常用按键的按键名与 KeyCode 编码。

表 11.3 常用按键的按键名与 KeyCode 编码

键盘按键	Name	KeyCode
字母键 A、B、C、...、Z	a、b、c、...、z	A、B、C、...、Z
数字键 0~9	0~9	Alpha0~ Alphd9
功能键 F1~F12	f1~f12	F1~F12
退格键	backspace	Backspace
回车键	return	Return
空格键	space	Space
退出键	esc	Esc
Tab 键	tab	Tab
上、下、左、右方向键	Up、down、left、right	UpArrow、DownArrow、LeftArrow、RightArrow
左、右 Shift 键	left shift、right shift	LeftShift、RightShift
左、右 Alt 键	left alt、right alt	LeftAlt、RightAlt
左、右 Ctrl 键	left ctrl、right ctrl	LeftCtrl、RightCtrl

下面是处理键盘按键的示例。

（1）键盘按键事件响应代码如下：

```
void Update()
   {
   if (Input.GetKey("up")) { print("键盘上方向键被按"); }
   if (Input.GetKey(KeyCode.DownArrow))
{ print("键盘下方向键被按"); }
```

```
    if (Input.GetKeyDown(KeyCode.LeftArrow)) { print("键盘左方向键被按下"); }
    if (Input.GetKeyUp(KeyCode.RightArrow)) { print("键盘右方向键抬起"); }
}
```

脚本运行效果如图 11.3 所示。

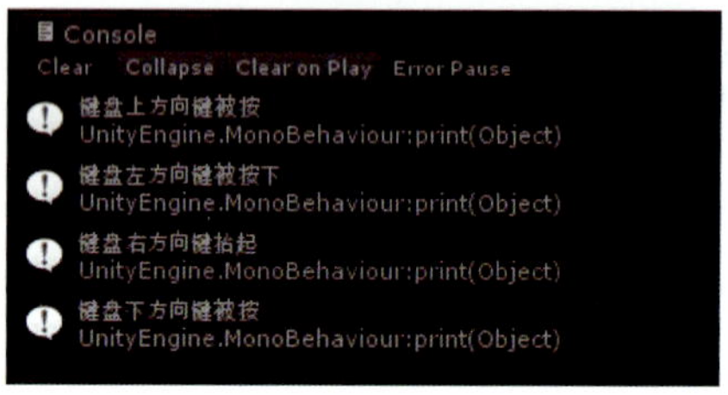

图 11.3 脚本运行效果

表 11.5 结构体 Touch 的变量

变量	说明
fingerId	触摸数据的唯一索引 id
position	触摸的位置
deltaPosition	触摸位置的改变量
deltaTime	距离上次触摸数据变化的时间间隔
tapCount	单击计数
phase	触摸的状态描述

通过调用 phase 可访问当前的触摸状态，phase 的状态如表 11.6 所示。

表 11.6 触摸状态

变量	说明
Began	手指刚触碰屏幕
Moved	手指在屏幕上移动
Stationary	手指触碰屏幕并从上一帧起没有移动
Ended	手指离开屏幕
Canceled	系统取消了跟踪触摸

下面是处理触屏操作的示例。

在场景里新建一个 Cube，新建一个 C# 脚本，重命名为 TouchTest，双击脚本打开脚本编辑器，输入以下代码，把 TouchTest.cs 脚本绑定到 Cube 对象上。因为是触屏操作，所以必须在移动端才能有效果，出包安装到真机上，可以发现滑动屏幕时 Cube 会绕着自身 Y 轴旋转。

11.4 移动设备输入

在 iOS 和 Android 系统中，操作都是通过触屏单击来完成的。Input 类中也封装了触摸操作的方法或变量，可以参考表 11.4 所示的 Input 类中对触摸操作的方法和变量。

表 11.4 Input 类中对触摸操作的方法和变量

方法和变量	说明
GetTouch	返回指定的触摸数据对象（不分配临时变量）
touches	当前所有触摸状态列表（只读）（分配临时变量）
touchCount	当前所有触摸状态列表长度（只读）
multiTouchEnabled	系统是否支持多点触摸
simulateMouseWithTouches	屏幕触控模拟鼠标的单击

通过 GetTouch 或者 touches 可以访问移动设备的触摸数据，数据保存在 Touch 的结构体中，结构体 Touch 的变量如表 11.5 所示。

```csharp
// Update is called once per frame
    void Update () {
// 单指操作
if (Input.touchCount == 1)
        {
// 屏幕开始
if (Input.GetTouch(0).phase == TouchPhase.Began)
        {
Debug.Log(" 手指触摸屏幕 ");
        }
// 手指滑动屏幕，旋转立方体
```

```
        elseif (Input.GetTouch(0).phase == TouchPhase.Moved)
            {
    if (Input.GetAxis("Mouse X") > 0)
                {
                        transform.Rotate(0, -200 * Time.deltaTime, 0, Space.Self);
                }
    elseif (Input.GetAxis("Mouse X") < 0)
                {
                        transform.Rotate(0, 200 * Time.deltaTime, 0, Space.Self);
                }
        }
    // 触屏结束
    elseif (Input.GetTouch(0).phase == TouchPhase.Ended)
                {
    Debug.Log(" 手指离开屏幕 ");
                    }
            }
        }
```

第 12 章
UGUI 开发

学习目标：
- 了解 UGUI 系统
- 熟悉掌握 UGUI 常用的 UI 控件

游戏界面指游戏软件的用户界面，包括游戏画面中的按钮、动画、文字、声音、窗口等与游戏用户直接或间接接触的游戏设计元素。自 Unity 4.6 版本开始，Unity 官方推出了自己的 UI 插件 UGUI 系统，随着几个新版本的更新，UGUI 系统已经相当成熟，在功能和易用性上丝毫也不逊于 NGUI，使用 UGUI 来制作 UI 更加方便和快速。

12.1 画布（Canvas）

每个 GUI 控件必须是画布的子对象。当选择菜单栏中 GameObject → UI 下的命令来创建一个控件时，如果当前不存在画布时将会自动创建一个画布，如图 12.1 所示。

UI 元素的绘制顺序依赖于它们在 Hierarchy 面板的顺序。如果两个 UI 元素重叠，后添加的 UI 元素会出现在之前添加的 UI 上面。如果要修改 UI 元素的顺序，应在 Hierarchy 视图中进行拖曳排序。对 UI 元素的排序也可以通过在脚本中调用 Transform 组件的 SetAsFirstSibling、SetAsLastSibling、SetSiblingIndex 等方法实现。

Render Mode（渲染模式）有以下几种。

（1）Screen Space–Camera：如图 12.2 所示，画布以特定的距离放置在指定的摄像机前，UI 元素被指定的相机渲染，相机设置会影响到 UI 的呈现。

（2）Screen Space–Overlay：如图 12.3 所示，使画布拉伸以适应全屏大小，并且使 GUI 控件在场景中渲染于其他物体的前方。如果调整屏幕大小或者改变分辨率，画布将会自动改变大小以适应屏幕。

（3）World Space：如图 12.4 所示，该选项使画布渲染于世界空间。该模式使画布在场景中像其他游戏物体一样，可以通过手动调整它的 Rect Transform 来改变画布的大小。GUI 空间可能会渲染到其他物体的前方或后方。

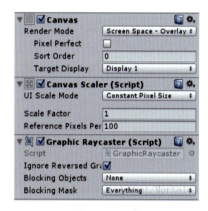

图 12.1　画布

图 12.2　Screen Space–Camera 模式

图 12.3　Screen Space–Overlay 模式

图 12.4　World Space 模式

12.2 Rect Transform（矩形变换）

Rect Transform（矩形变换）是一种新的变换组件，适用于在所有 GUI 控件上代替原有的变换组件。

矩形变换区别于原有变换的地方是在场景中 Transform 组件表示一个点。而 Rect Transform 表示一个可容纳 UI 元素的矩形，而且矩行变换还有锚点和轴心点的功能。

Pos（x,y,z）：定义矩形相当于锚点的轴心点位置。

Width/Height：定义矩形的宽度和高度。

Left、Top、Right、Bottom：定义矩形边缘相对于锚点的位置，锚点分离时会显示在 Pos 和 Width/Height 的位置。

Anchors：定义矩形的左下、右上的锚点。

Min：定义矩形左下角锚点，（0,0）对应父物体的左下角，（1,1）对应父物体的右上角。

Max：定义矩形右上角锚点，（0,0）对应父物体的左下角，（1,1）对应父物体的右上角。

Pivot：定义矩形旋转时围绕的中心点坐标。

Rotation：定义矩形围绕中心点的旋转角度。

Scale：缩放系数。

图 12.5　锚点

12.3　锚点（Anchors）

矩形变换有一个锚点的布局概念。如果一个矩形变换的父对象也是一个矩形变换，作为子物体的矩形边还可以通过多种方式固定在父物体的矩形变换上。例如，子物体可以固定在父物体的中心点；在固定锚点时也允许基于父对象的宽高按指定的百分比拉伸。

在 Scene 视图中，锚点以 4 个三角形手柄的形式表现。每一个手柄都对应固定于相应父物体的矩形的角，用户可以单独拖曳每一个锚点，当它们在一起的时候，也可以单击其中心一起移动它们，如图 12.5 所示。

在 Inspector 视图中，锚点预置按钮（Anchor Presets）在矩形变换组件左上角。单击该按钮，如图 12.6 所示。

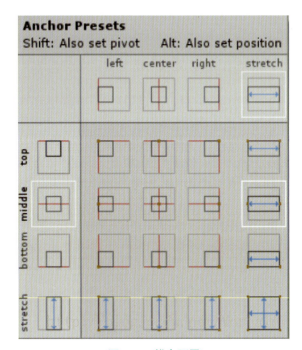

图 12.6　锚点预置

12.4　轴心点（Pivot）

Pivot 有很多种叫法，笔者觉得叫"重心点"比较合适，原因后面解释，如图 12.7 所示。

图 12.7 所示的中心的圆点就是所说的"重心点"，它对应 Unity 中的字段是 Pivot。取值范围为 0~1。X、Y 都是 0.5 时就是图 12.7 的中心位置。左下角是（0,0），右上角是（1,1），

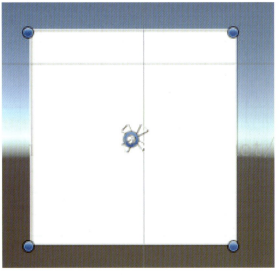

图 12.7　轴心点

修改轴心点后旋转效果如图 12.8 和图 12.9 所示，第一轴心点在（0.5,0.5）处，第二个在左下角是（0,0）。

图 12.8　轴心点在中心

图 12.9　轴心点在左下角

效果明显吧，旋转是围绕着轴心点，在物理世界中平衡都是围绕着轴心点，所以这里把 Pivot 叫作重心点。

※ 12.5　文本（Text）

文本控件显示非交互文本。可以作为其他 GUI 空间的标题或者标签，也可以用于显示指令或者其他文本，文本组件属性如图 12.10 所示。

　　Text：控制显示的文本。
　　Font：用于显示的文本字体。
　　Font Style：文本样式，有粗体、斜体、粗斜体。
　　Font Size：文本的字体大小。

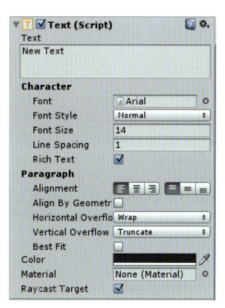

图 12.10　文本组件属性

Line Spacing：文本字体之间的垂直间距。
Rich Text：是否为富文本。
Alignment：文本的水平和垂直对齐方式。
Horizontal OverFlow：用于处理文字太宽而无法适应文本框的方法，选项包含自动换行、溢出。
Vertical OverFlow：用于处理文本太高而无法适应文本框的方法，选项包含截断、溢出。
Best Fit：忽略大小属性使文本适应控件大小。
Color：颜色。
Material：渲染文本的材质。

※ 12.6 图像（Image）

图像组件需要 Sprite 类型的纹理，原始图像可以接受任何类型的纹理，如图 12.11 所示。

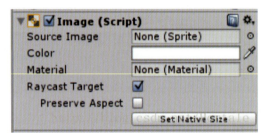

图 12.11 图像组件

Source Image：表示要显示的图像纹理（类型必须为 Sprite）。
Color：应用于图像的颜色。
Material：材质。
Set Native Size：设置图像框尺寸为原始图像纹理的大小。
图像类型如下。
Simple：默认情况下适应控件的矩形大小。如果启用 Preserve Aspect 选项，图像的原始比例会被保存，剩余的未被填充的矩形部分会被空白填充。
Silced：图片被切成九宫格模式，图片的中心被缩放以适应矩形控件，边界会仍然保持它的尺寸。禁用 Fill Center 选项后图像的中心会被挖空。
Tiled：图像保持原始大小，如果控件的大小大于原始图大小，图像会重复填充到控件中；如果控件大小小于原始图片，则图片会被在边缘处截断。
Filled：图像被显示为 Simple 类型，但是可以调节填充模式和参数使图像呈现出从空白到完整的填充过程。

※ 12.7 原始图像（Raw Image）

原始图像组件与图像组件类似，但是它不具有图像组件提供的动画控制和准确填充控件矩形的功能。同时，原始图像组件支持显示任何类型的纹理，而图像组件仅支持 Sprite 类型的纹理，如图 12.12 所示。

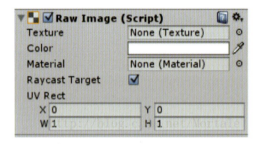

图 12.12 原始图像组件

Texture：表示要显示的纹理。
Color：应用到图像的颜色。
Material：为图像着色所使用的材质。

※ 12.8 按钮（Button）

UGUI Button 可以说是真正的使用最广泛、功能最全面、几乎涵盖任何模块无所不用无所不能的组件，由 Image 和 Text 组成，如图 12.13 和图 12.14 所示。

图 12.13 按钮组成

Button 组件的属性和参数如图 12.15 所示，下面简单介绍一下。

Interactable（是否可用）：勾选，按钮可用；取消勾选，按钮不可用，并进入 Disabled 状态。

Transition（过渡方式）：按钮在状态改变时自身的过渡方式。

- Color Tint，颜色改变。
- Sprite Swap，图片切换。
- Animation，执行动画。

Target Graphic（过渡效果作用目标）：可以是任一 Graphic 对象。

Navigation（按钮导航）：假如有 4 个按钮，当单击第一个时，第一个会保持选中状态，然后通过按键盘上的方向键，会导航将选中状态切换到下一个按钮上。例如，第一个按钮下方存在第二个按钮，当选中第一个方向键按下时，第一个按钮的选中状态取消，第二个按钮进入选中状态，前提是这些按钮都开启了导航功能。

None（关闭）：关闭导航。

Automatic（自动导航）：自动识别并导航到下一个控件。

Horizontal（水平导航）：水平方向导航到下一个控件。

Vertical（垂直导航）：垂直方向导航到下一个控件。

Explicit（指定导航）：特别指定在按特定方向键时从此按钮导航到哪一个控件。

Color Tint（颜色改变过渡模式），如图 12.16 所示。

图 12.14　按钮控件属性

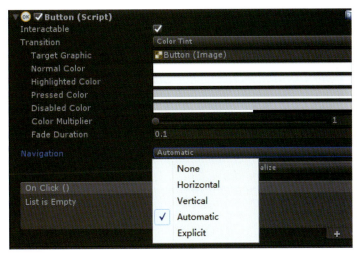

图 12.15　Button 组件的属性

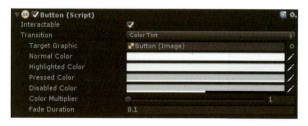

图 12.16　颜色过渡

Normal Color（默认颜色）：初始状态的颜色。

Highlighted Color（高亮颜色）：选中状态或是鼠标靠近时显示的颜色。

Pressed Color（按下颜色）：鼠标单击或是按钮处于选中状态时的颜色。

Disabled Color（禁用颜色）：禁用时颜色。

Color Multiplier（颜色切换系数）：颜色切换速度，越大则颜色在几种状态间变化速度越快。

Fade Duration（衰落延时）：颜色变化的延时时间，越大则变化越不明显。

Sprite Swap(图片切换过渡模式)，如图 12.17 所示。

图 12.17　图片过渡

Highlighted Sprite（高亮图片）：选中状态或是鼠标靠近时显示的图片。

Pressed Sprite（按下图片）：鼠标单击或是按钮处于选中状态时显示的图片。Disabled Sprite（禁用图片）：禁用时图片。

Animation（播放动画过渡模式），如图 12.18 所示。

图 12.18　动画过渡

Normal Trigger（默认触发器）：默认状态触发。

Highlighted Trigger（高亮触发器）：选中状态或是鼠标靠近时会触发。

Pressed Trigger（按下触发器）：鼠标单击或是按钮处于选中状态时触发。Disabled Trigger（禁用触发器）：禁用时触发。

Auto Generate Animation（生成动画片段）：单击此按钮，会自动生成一个包含以上 4 种状态以及 4 种动画的 Animation，然后选中此按钮，按 Ctrl+6 组合键进入动画编辑界面，分别对以上 4 种动画进行调动就可以了，如图 12.19 和图 12.20 所示。

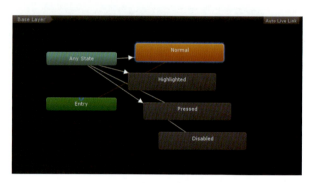

图 12.19　按钮状态

图 12.20　动画编辑

按钮触发事件添加，有以下两种方法。

方法 1：直接把方法写在脚本上，把对象直接拖到 On Click () 下面，如图 12.21 所示，选择需要回调的方法，如图 12.22 所示。

图 12.21　设置按钮回调对象

图 12.22　选择按钮回调方法

方法 2：在代码里添加按钮回调，先找到按钮对象，再找到它身上的 Button 脚本，通过 AddListener 添加按钮回调方法，如图 12.23 所示。

12.9　开关（Toggle）

Toggle 组合按钮（单选钮），可以将多个 Toggle 按钮加入一个组，则它们之间只能有一个处于选中状态（Toggle 组合不允许关闭的话）。Toggle 组件如图 12.24 所示。

Toggle 大部分属性等同于 Button 组件，同为按钮，不同的只是它自带了组合切换功能，当然这些用 Button 也是可以实现的。

Is On（选中状态）：此为 Toggle 的选中状态，设置或返回为一个 Bool 值。

Toggle Transition（切换过渡）：None 为无切换过渡，Fade 为切换时 Graphic 所指目标渐隐渐显。

Group（所属组合）：这里指向一个带有 Toggle Group 组件的任意目标，将此 Toggle 加入该组合，之后此 Toggle 便会处于该组合的控制下，同一组合内只能有一个 Toggle 可处于选中状态，即便是初始时将所有 Toggle 都开启 Is On，之后的选择也会自动保持单一模式。

On Value Changed（状态改变触发消息）：当此 Toggle 选中状态改变时触发一次此消息。

Toggle Group 组件如图 12.25 所示。

图 12.24　开关控件

图 12.25　Toggle Group 组件

带有此组件的物体可以同时管理多个 Toggle，将需要被管理的 Toggle 的 Group 参数指向此 Toggle Group 便可。

Allow Switch Off（是否允许关闭）：Toggle Group 组默认有且仅有一个 Toggle 可处于选中状态（其管辖的所有 Toggle 中），如果勾选此复选框，则 Toggle Group 组的所有 Toggle 都可同时处于未选中状态。

12.10 滑动条（Slider）

Slider 有 3 个子控件：Background 是滑动条灰色背景底图；Fill Area → Fill 是填充的红色部分；Handle Slide Area → Handle 是移动的小圆滑块。滑动条控件外观如图 12.26 所示。

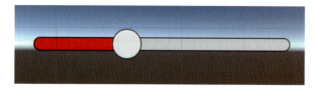

图 12.26 滑动条控件

Slider 组件如图 12.27 所示。

Direction 是用来设置滑块的方向的，有以下几个选项。

Left To Right 从左到右。

Right To Left 从右到左。

Bottom To Top 从下到上。

Top To Bottom 从上到下。

Min Value 和 Max Value 是控制滑块移动的范围。

WholeNumbers 用来控制滑块值是否限定为整数数值。

Value 就是滑块当前的数值。

On Value Change 每当滑块的数值由于拖动被改变时调用，通过 Slider 组件 onValueChanged.AddListener 添加回调函数，如图 12.28 所示。

```
public Slider slider;

0 个引用
void Awake()
{
    slider.onValueChanged.AddListener(ChangeValue);
}

1 个引用
public void ChangeValue(float i)
{
    Debug.Log(i);
}
```

图 12.28 滑动条回调方法

图 12.27 Slider 组件属性

※ 12.11 滚动条（Scrollbar）

滚动条允许用户滚动因图像或者其他可视物体太大而不能完全看到的视图。滚动条与滑动条的区别在于后者用于选择数值而前者主要用于滚动视图，如图12.29所示。

图 12.29　滚动条组件

Handle Rect（操作条矩形）：当前值处于最小值与最大值之间比例的显示范围。

Direction（方向）：滚动条的方向。

Value（值）：当前滚动条对应的值。

Size（操作条矩形长度）：操作条矩形对应的长度。

On Value Changed：值改变时触发消息。

1. Scroll View 组件

Scroll View 组件由三部分组成，如图12.30所示，Viewport：内容区域；Scrollbar Horizontal：水平滚动条；Scrollbar Vertical：垂直滚动条。

图 12.30　Scroll View 组件

2. Scroll Rect 组件

Scroll Rect 组件如图12.31所示。

图 12.31　Scroll Rect 组件

Content：滑动的内容（所有需要滑动展示的内容）。

Horizontal：是否支持左右滑动。

Vertical：是否支持上下滑动。

Movement Type：滑动类型。

Unrestricted：不受滑动内容边界限制。

Elastic：带边界回弹的（Elasticity 弹力）。

Clamped：边界夹紧。

Inertia：是否支持滑动惯性（Deceleration Rate 减速率，笔者认为就是惯性的大小）。

Scroll Sensitivity：滚动的灵敏度。

Viewport：视口（一般是 Content 的父物体，带 Mask 遮罩后的展示区域）。

Horizontal Scrollbar：左右的滚动条（连接的滚动条必须放在 Scroll View 下）。

Visibility：滚动条可见性。

Permanent：不变的（只有选择这个关联的 Scrollbar 才能隐藏）。

Auto Hide：自动隐藏（如果内容不需要滚动就可以看到隐藏滚动条）。

Auto Hide and Expand Viewport：自动隐藏并扩展视图（Spacing 滑动区域和滚动条的间距）。

※ 12.12 输入栏（Input Field）

Input Field 为文本输入控件，如图 12.32 所示。

Text Component（文本组件）：此输入域的文本显示组件，任何带有 Text 组件的物体。

Text（文本）：此输入域的初始值。

Character Limit（字符数量限制）：限定此输入域最大输入的字符数，0 为不限制。

Content Type（内容类型）：限定此输入域的内容类型，包括数字、密码等，常用的类型如下：

- Standard（标准类型）：什么字符都能输入，只要是当前字体支持的。
- Integer Number（整数类型）：只能输入一个整数。
- Decimal Number（十进制数）：能输入整数或小数。
- Alpha Numeric（文字和数字）：能输入数字和字母。
- Name（姓名类型）：能输入英文及其他文字，当输入英文时自动姓名化（首字母大写）。
- Password（密码类型）：输入的字符隐藏为星号。
- Line Type（换行方式）：当输入的内容超过输入域边界时有以下几个选项。

Single Line（单一行）：超过边界也不换行，继续延伸此行，输入域中的内容只有一行。

Multi Line Submit（多行）：超过边界则换行，输入域中内容有多行。

Multi Line Newline（多行）：超过边界则新建换行，输入域中内容有多行。

- Placeholder（位置标识）：此输入域的输入位控制符，任何带有 Text 组件的物体。

图 12.32　输入栏控件

第13章
跨平台发布

学习目标:
- 掌握 PC 平台的发布
- 掌握 Android 平台环境的搭建和发布

Unity 引擎一个很大的优势是可以跨多个平台,如 PC 端、网页 Web 端、Android、iOS、xBox、PS4 等,跨平台可以帮开发者节省很多时间,不同的平台不用单独开发。当然不同的平台需要配置不同的环境。比如:Android 平台就需要 Java 环境和 Android SDK,iOS 就需要苹果电脑、Xcode 编译等。本章介绍 PC 平台和 Android 平台的发布和环境的搭建。

13.1 发布到 PC 平台

选择菜单栏中的 File → Build Settings 命令，如图 13.1 所示。

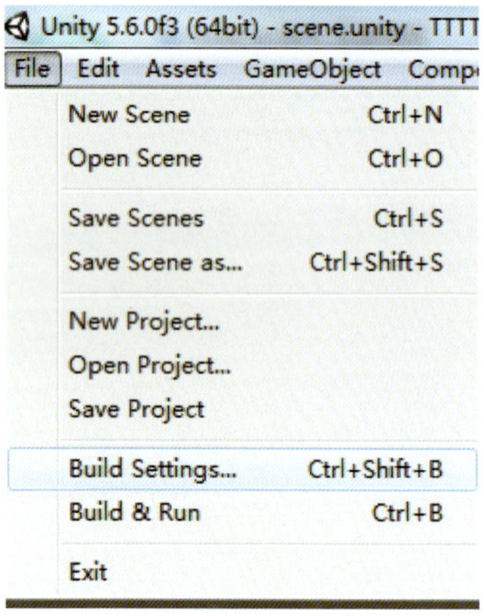

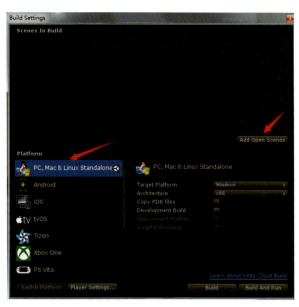

图 13.1 打开发布设置

所有需要打包的场景都必须添加到 Scenes In Build 窗口，单击 Add Open Scenes 按钮可以把当前打开的场景添加进去。Platform：出包的平台，这里出 PC 的包，选择 PC,Mac &Linux Standalone 选项，选择平台后可以单击 Switch Platform 来切换平台，右边的 Target Platform 选择 Windows，ArchItecture 选择 x86 或者 x86_64 都可以，现在大部分是 64 位的电脑，也兼容 32 位，如图 13.2 所示。

单击 Player Settings，右边的 Inspector 属性窗口设置一些属性，如图 13.3 所示。

Company Name 公司名称。

Product Name 产品名称，当游戏运行时这个名字将出现在菜单栏。

Default Icon 默认图标，当游戏运行时这张图片将出现在菜单栏。

图 13.3 属性设置

Display Resolution Dialog：关闭游戏启动分辨率设置面板。

Run In Background：游戏失去焦点时是否停止运行游戏，如果不是就选中此复选框，如图 13.4 所示。

图 13.4 设置后台运行

图 13.2 平台选择

Show Splash Screen：勾选去掉，如图 13.5 所示，可以关闭 Unity 的 Logo 启动界面；前提是需要 Pro 版本的 Unity3D，或者通过破解工具破解 Unity。具体做法可以参考链接 http://www.ceeger.com/forum/read.php?tid=23396&page=1。

设置完参数后，单击 Build 按钮，弹出窗口，新建一个文件夹，重命名为 PC，用来保存出 PC 包生成的资源。如图 13.6 所示，给生成的 exe 可执行文件取个名字，这里命名为 Game，单击"保存"按钮，剩下的打包工作交给 Unity 完成，如图 13.7 所示。

打包完成后生成两个文件，一个是可执行文件 Game.exe，另一个是游戏的资源文件 Game_Data，如图 13.8 所示，双击 Game.exe 文件可直接打开游戏。

图 13.5　去除 Unity Logo

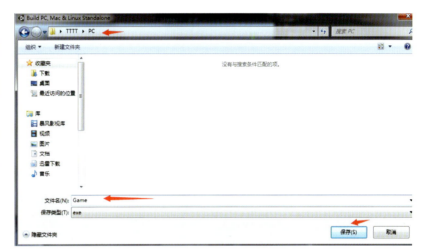

图 13.6　保存出包文件

图 13.7　自动打包

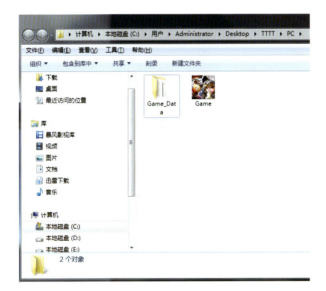

图 13.8　PC 端生成文件

※ 13.2　发布到 Android 平台

相对于 PC 平台，Android 平台会麻烦些，需要事先安装 Java SDK、配置 JDK 环境、安装 Android SDK。这里使用的 Java SDK 的版本是 18.0。

13.2.1　Java SDK 安装和环境配置

访问链接 http://www.oracle.com/technetwork/java/javase/downloads/jdk8-downloads-2133151.html，下载 JDK，再下载适合机子的 SDK，如图 13.9 所示。

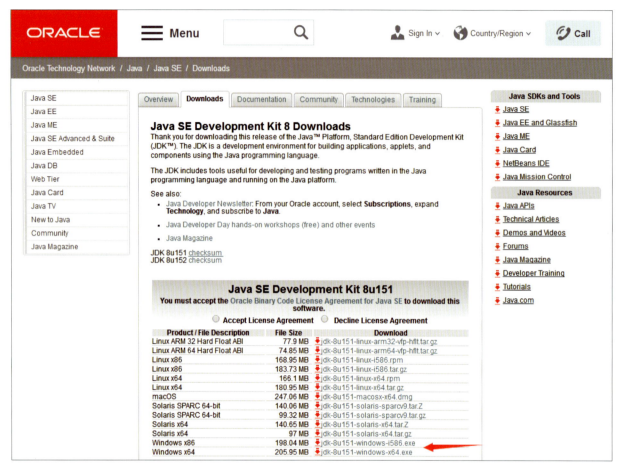

图 13.9　下载 JDK

（1）若安装 JDK 时选择安装目录，安装过程中会出现两次安装提示。第一次是安装 JDK，第二次是安装 JRE。建议两个都安装在同一个 Java 文件夹中的不同文件夹中（不能都安装在 Java 文件夹的根目录下，JDK 和 JRE 安装在同一文件夹会出错），如图 13.10 所示。

（2）安装 JRE。更改 → \Java 之前目录和安装 JDK 目录相同即可，如图 13.12 所示。

注：若无安装目录要求，可全默认设置。无须做任何修改，两次均直接单击"下一步"按钮。

图 13.10　JDK 安装目录

若安装 JDK 时随意选择目录，只需把默认安装目录 \java 之前的目录修改即可，如图 13.11 所示。

图 13.11　选择 JDK 安装目录

图 13.12 选择 JRE 安装目录

（3）安装完 JDK 后配置环境变量。选择"计算机"→"属性"菜单命令，在弹出对话框中单击左侧列表的"高级系统设置"选项，选择"高级"选项卡，单击"环境变量"按钮，如图 13.13 所示。

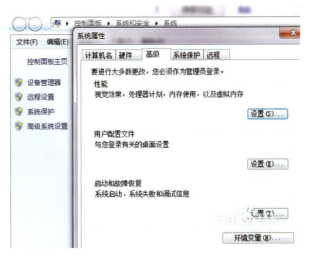

图 13.13 环境变量设置

（4）系统变量→新建 JAVA_HOME 变量。变量值填写 JDK 的安装目录（笔者是 E:\Java\jdk1.7.0）。

（5）系统变量→寻找 Path 变量→编辑。在"变量值"文本框中输入 %JAVA_HOME%\bin;%JAVA_HOME%\jre\bin;（注意原来 Path 的变量值末尾有没有"；"号，如果没有，先输入"；"号再输入上面的代码），如图 13.14 所示。

图 13.14 设置 Path 变量

（6）系统变量→新建 CLASSPATH 变量变量值填写 .;%JAVA_HOME%\lib;%JAVA_HOME%\lib\tools.jar（注意最前面有一点）。系统变量配置完毕，如图 13.15 所示。

图 13.15 新建 CLASSPATH 变量

（7）检验是否配置成功。运行 cmd 命令，输入 java -version（java 和 -version 之间有空格），若如图 13.16 所示，显示版本信息，则说明安装和配置成功。

图 13.16 检测 Java 环境

13.2.2 Android SDK 安装

通过 http://tools.android-studio.org/index.php/sdk 链接下载 Android 的 SDK，如图 13.17 所示。

SDK TOOLS

使用说明

版本号	Windows	Mac OSX	Linux
android sdk r24.4.1	installer_r24.4.1-windows.exe/android-sdk_r24.4.1-windows.zip	android-sdk_r24.4.1-macosx.zip	android-sdk_r24.4.1-linux.tgz
sdk-tools-r24.3.4	installer_r24.3.4-windows.exe/android-sdk_r24.3.2-windows.zip	android-sdk_r24.3.4-macosx.zip	android-sdk_r24.3.4-linux.tgz
sdk-tools-r24.3.2	installer_r24.3.2-windows.exe/android-sdk_r24.3.2-windows.zip	android-sdk_r24.3.2-macosx.zip	android-sdk_r24.3.2-linux.tgz
sdk-tools-r24.2	installer_r24.2-windows.exe/android-sdk_r24.2-windows.zip	android-sdk_r24.2-macosx.zip	android-sdk_r24.2-linux.tgz
sdk-tools-r24.1.2	installer_r24.1.2-windows.exe/android-sdk_r24.1.2-windows.zip	android-sdk_r24.1.2-macosx.zip	android-sdk_r24.1.2-linux.tgz
sdk-tools-r24.0.2	installer_r24.0.2-windows.exe/android-sdk_r24.0.2-windows.zip	android-sdk_r24.0.2-macosx.zip	android-sdk_r24.0.2-linux.tgz
sdk-tools-r24.0.1	installer_r24.0.1-windows.exe/android-sdk_r24.0.1-windows.zip	android-sdk_r24.0.1-macosx.zip	android-sdk_r24.0.1-linux.tgz
sdk-tools-r24	installer_r24-windows.exe/android-sdk_r24-windows.zip	android-sdk_r24-macosx.zip	android-sdk_r24-linux.tgz
sdk-tools-r23.0.2	installer_r23.0.2-windows.exe/android-sdk_r23.0.2-windows.zip	android-sdk_r23.0.2-macosx.zip	android-sdk_r23.0.2-linux.tgz
sdk-tools-r23	installer_r23-windows.exe/android-sdk_r23-windows.zip	android-sdk_r23-macosx.zip	android-sdk_r23-linux.tgz

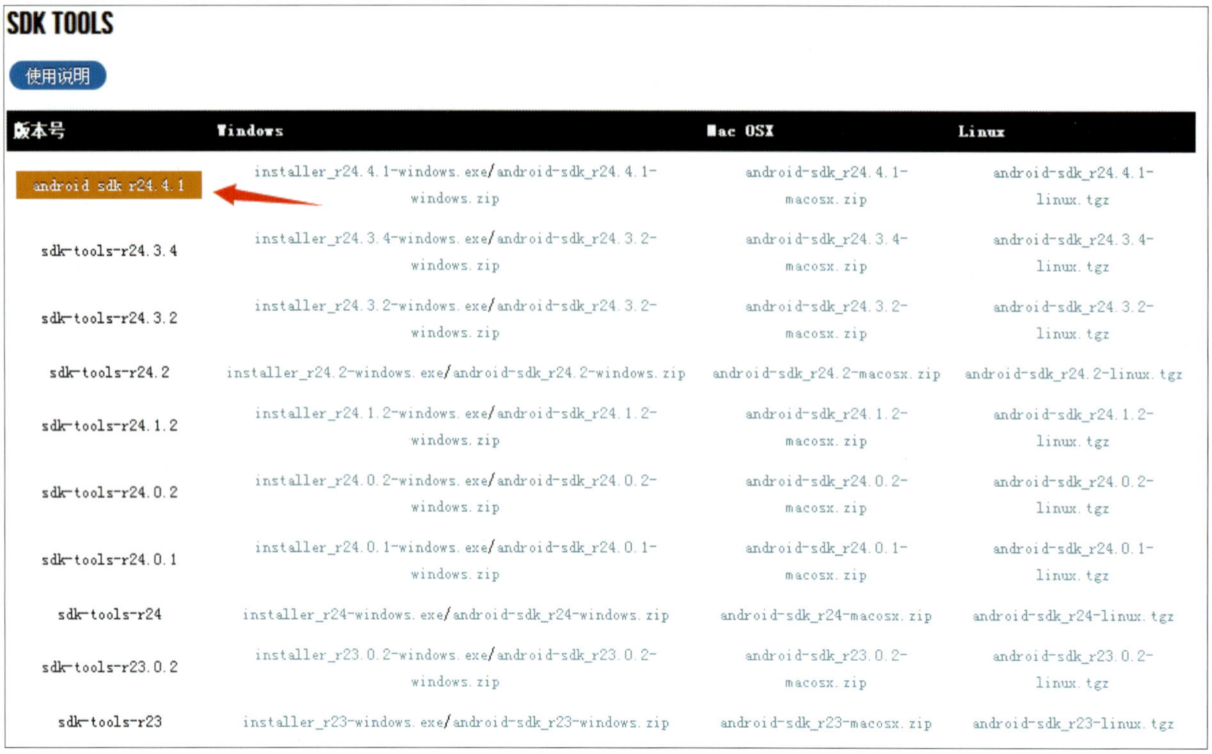

图 13.17 下载 Android SDK

下载完成后安装 Android 的 SDK，安装完 SDK 后会有一个 SDK Manager，如图 13.18 所示，从中可以管理与 SDK 相关的内容，包括 Android SDK Tools API，方便管理、更新和卸载。不同的项目可能需要不同版本的 SDK，可以直接通过该工具更新，如图 13.19 所示。

图 13.18 SDK 目录

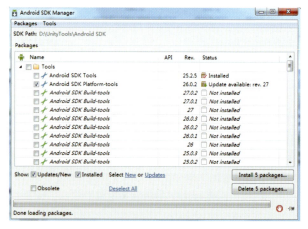

图 13.19 SDK Manager 窗口

环境配置好后，在 Unity 里设置 JDK 和 Android SDK 的路径。选择 Edit → Preferences → External Tools 菜单命令，SDK 的路径需要自己选，JDK 的路径单击“Browse”按钮会自己找到，如图 13.20 所示。

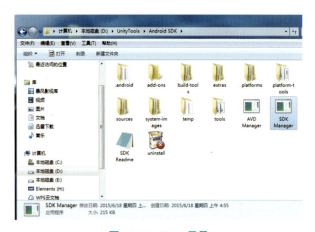

图 13.20　设置环境路径

Android SDK 选择图 13.21 所示的目录。

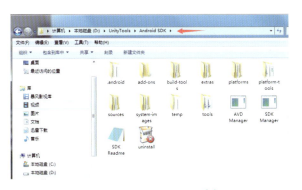

图 13.21　Android SDK 路径

选择 File → Build Settings 菜单命令，选择 Android 平台，Switch Platform 切换到 Android 平台，如图 13.22 所示。

图 13.22　切换 Android 平台

通过 Player Settings 设置出包的一些属性。图 13.23 所示的设置与出 PC 类似。

图 13.23　设置出包属性

设置屏幕旋转如图 13.24 所示。

图 13.24　设置横屏

这里需要注意的是，Package Name 属性不能用默认的，可以安装默认的格式为"com. 公司名 . 产品名"，不能用中文，如图 13.25 所示。

图 13.25　设置 Package Name

设置好参数后，单击"Build"按钮，给 APK 取个名字，如图 13.26 所示，单击"保存"按钮。

图 13.26　保存 APK 包

后面的工作交给 Unity 处理，如图 13.27 所示。

图 13.27　Android 打包

最终生成的 APK 如图 13.28 所示。

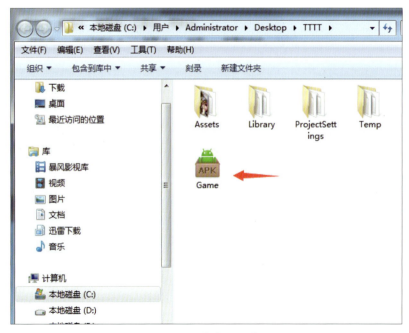

图 13.28　生成 APK 包

第 14 章
赛车游戏项目实战

学习目标：
- 学会利用 Unity 地形编辑工具制作游戏场景
- 赛道的拼接
- 使用 UGUI 制作简单的游戏画面
- 代码实现游戏逻辑

Unity 作为一款 3D 游戏引擎，市面上用 Unity 制作的游戏很多，不管是 RPG、回合制还是一些竞技类游戏，如一些酷跑、赛车等，种类多、玩法丰富。从本章开始以项目实战的方式来进一步学习 Unity。利用 Unity 的地形编辑工具、官方的一些资源素材包来制作一款简单的赛车游戏，包括场景的制作、赛道的拼接到游戏界面的制作和游戏逻辑的实现。

14.1 项目准备工作

14.1.1 新建 Unity 项目

新建 CarGame，如图 14.1 所示。

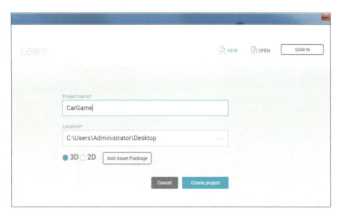

图 14.1 新建工程

14.1.2 导入 Unity 地形素材资源包

选择 Assets → Import Package → Environment 菜单命令，如图 14.2 所示（没有 Environment 资源包的，可以去 Unity 官方下载安装）。

导入资源包后，Project 窗口会有与地形相关的素材包，如图 14.3 所示。

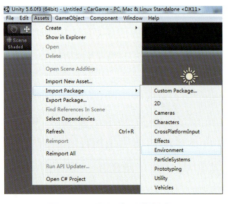

图 14.2 导入地形素材包

图 14.3 素材资源列表

14.2 游戏场景搭建——地形编辑

（1）在 Hierarchy 窗口，右键单击鼠标，选择快捷菜单中的 3D Object → Terrain 命令，如图 14.4 所示。生成一个白色平面的地形，如图 14.5 所示。

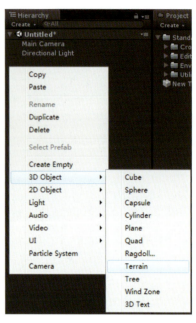

图 14.4 创建地形

图 14.5 平面地形

（2）利用地形工具，编辑地形。选择地形高度编辑工具，根据需要设置笔刷样式、笔刷大小和强度，如图 14.6 所示。先把平面地形的四周用山峰围起来，搭建最基础的地形，如图 14.7 所示。

（3）地形刷上地皮材质。选择笔刷工具，添加地皮的纹理贴图，单击"Edit Textures"按钮，在弹出对话框中选择地皮材质，单击"Add Textures"按钮，如图 14.8 所

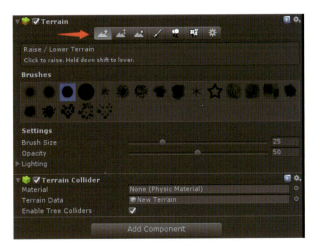

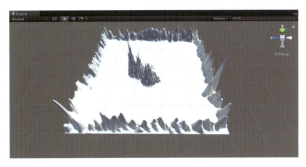

图 14.7　四周绘制地形

图 14.6　地形编辑工具

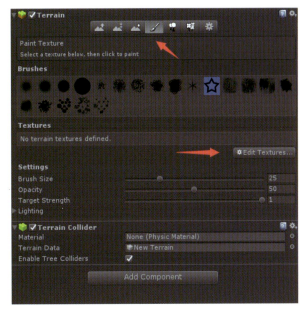

图 14.8　编辑纹理

示。在贴图选择窗口中选择需要的地皮贴图，添加第一个 Texture，默认会把整个地形刷成统一纹理。如图 14.9 和图 14.10 所示，可以添加多种纹理材质，然后通过笔刷绘制出自己理想中的地形。

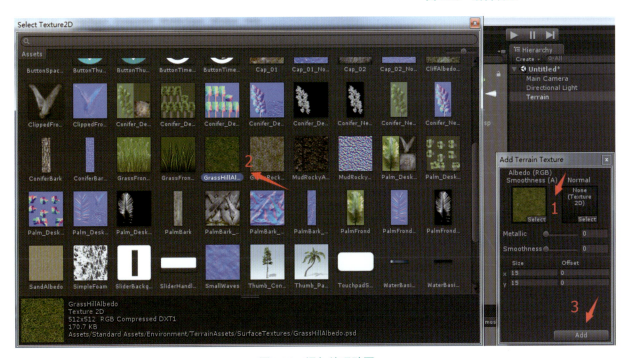

图 14.9　添加纹理贴图

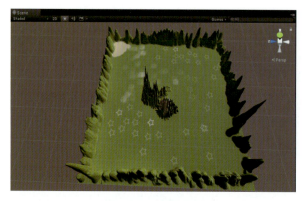

图 14.10 地形上色

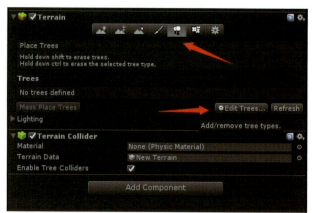

图 14.11 编辑树

（4）给地形添加树木资源。选择树木工具，添加树木的模型，单击"Edit Trees"按钮，选择树木模型，单击"Add Tree"按钮，如图 14.11 和图 14.12 所示。

图 14.12 添加树模型

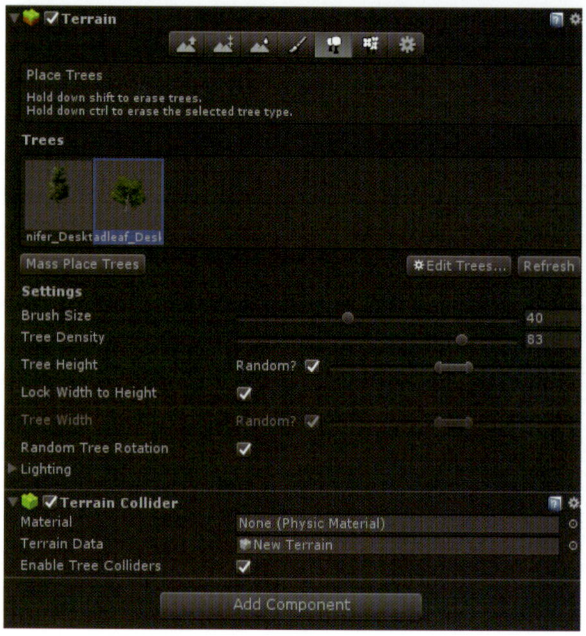

Trees：树的模型；Brush Size：笔刷大小；Tree Density：笔刷强度；Tree Height：树的高度。具体设置如图 14.13 所示。

选择树的模型，设置好笔刷的样式、大小、强度以及树的密度、高度等参数，根据需要在地形上种上树，如图 14.14 所示。

图 14.13 设置种树工具属性

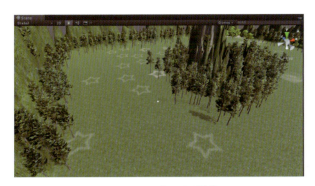

图 14.14　地形上种树

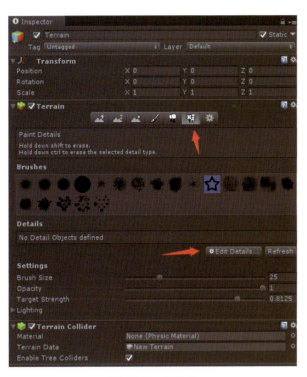

（5）给地形添加草地。选择草地编辑工具，添加草的模型，单击"Edit Detail meshes"按钮，在弹出对话框中选择草地模型，单击"Add Grass Texture"按钮，如图 14.15 和图 14.16 所示。

图 14.15　编辑草

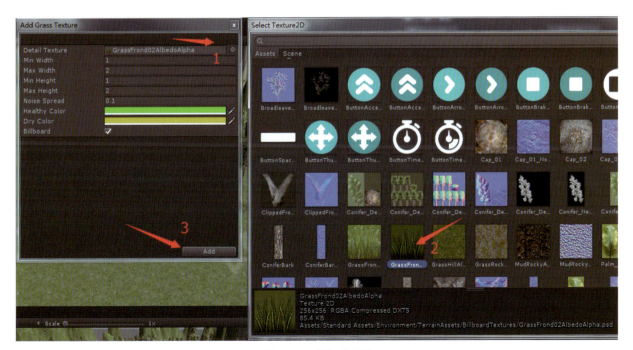

图 14.16　添加草模型

选择草的模型，设置好笔刷的样式、大小、强度以及草的密度，然后根据需要在地形上种草，如图 14.17 所示，草支持 LOD，所以种草时要把摄像机镜头拉近；否则草是看不到的。草很耗性能，要把草密度设小些。

图 14.17 地形种草

（6）添加天空盒。导入天空盒的资源包，选择 Assets → Import Package → Custom Package 菜单命令，如图 14.18 所示。选择天空盒的资源包 sky5x.unitypackage，如图 14.19 所示。

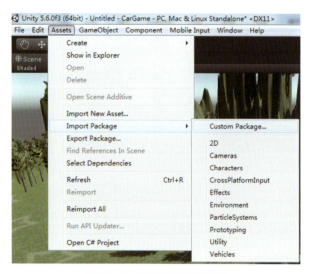

图 14.18 导入天空盒资源包

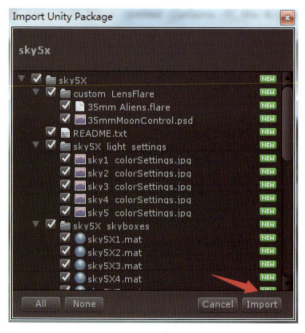

图 14.19 天空盒资源包列表

导入天空盒的资源包后，Project 窗口中会有天空盒需要的材质，如图 14.20 所示，把材质球直接拖到场景里就可以更换天空了，如图 14.21 所示。

第14章 赛车游戏项目实战　109

图 14.20　天空盒材质球

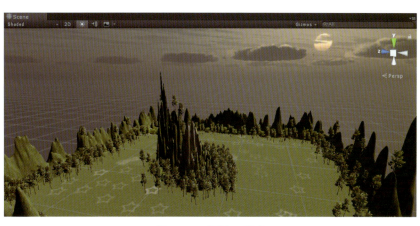

图 14.21　更换天空盒

※ 14.3　赛道拼接

（1）首先导入赛道的模型素材。选择 Assets → Import Package → Custom Package 菜单命令，选择赛道模型素材 SpeedwayModel.unitypackage，如图 14.22 和图 14.23 所示。

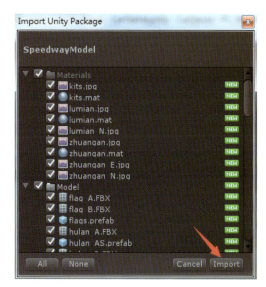

图 14.23　赛道资源列表

导入之后在 Project 窗口的 Model 目录下，有制作赛道模型的素材，如图 14.24 所示，当然也可以自己导入外部的资源。

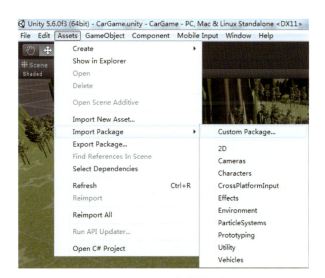

图 14.22　导入赛道资源包

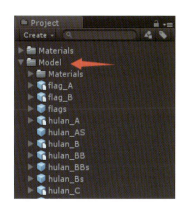

图 14.24　赛道资源列表

（2）制作赛道，可以根据需要把模型拖到场景中，这里只做个演示。

在 Model 下找到 road_all 跑道模型并选中，按住鼠标左键，把跑道拖曳到 Scene 场景编辑窗口，放在地形上，通过位置变换工具（图 14.25）把跑道调整到合适的位置，如图 14.26 所示。

图 14.26　放置赛道模型

图 14.25　位置变换工具

（3）赛道要检测碰撞，需要给赛道加上碰撞器 Collider，这里添加网格碰撞器 Mesh Collider，在 Hierarchy 窗口选中 road_all 对象，单击菜单栏上的 Component → Physics → Mesh Collider 命令，如图 14.27 所示。

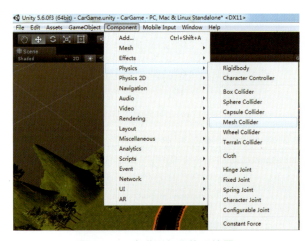

图 14.27　赛道添加网格碰撞器

添加完 Mesh Collider 后右边的 Inspector 属性窗口会有 Mesh Collider 组件，如图 14.28 所示。

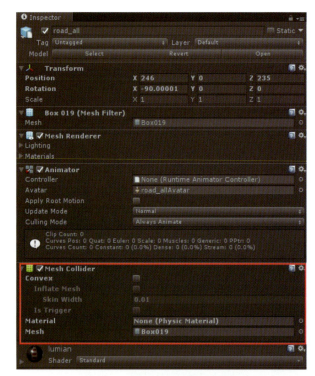

图 14.28　赛道 Mesh Collider 组件

添加护栏、障碍物和一些指示标识，这里演示几个基本操作。

在 Project 窗口的 Model 目录下，找到终点建筑的模型， zhongdian ，根据上面拖跑道到场景里的操作，把终点的建筑模型拖到场景窗口 Scenes 目录下，通过场景编辑工具 可以对终点建筑模型进行位置调整、旋转、缩放等，根据需要做适当调整，如图 14.29 所示。

图 14.29　放置终点模型

与往场景里加其他模型的方法类似，都是把模型拖到场景里，通过场景编辑工具 对模型的位置、大小、方向进行调整。注意：所有需要检测碰撞的物体都要添加碰撞器 Collider，这里添加的是 Mesh Collider；障碍物要实现撞飞等一系列物理效果，需要添加刚体组件 Rigidbody，只有加了刚体组件的物体才会有真实的物理效果（重力、阻力等），如图 14.30 所示。

剩余的跑道搭建在这里就不一一演示了，方法相同。最终完整的赛道展示如图 14.31 所示。

图 14.31　赛道效果图

（4）对场景里的对象需要分类管理，让项目简洁方便管理。在 Hierarchy 窗口，右键单击鼠标，选择快捷菜单中的 Create Empty 命令，创建空的游戏对象，然后重命名，把同一类的对象放到一起。直接拖到新建的空对象里，让它作为空对象的子物体。所有赛道的资源都放在 Environment 空对象下，如图 14.32 所示。

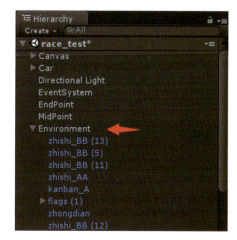

图 14.32　对象分类管理

（5）导入赛车模型。这里导入 Unity 官方的交通工具资源包，选择 Assets → Import Package → Vehicles 菜单命令，如图 14.33 所示。

图 14.30　障碍物添加的刚体组件

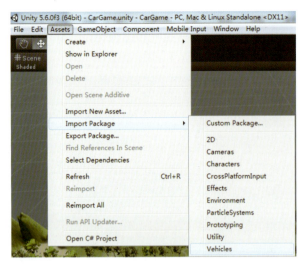

图 14.33　导入交通工具资源包

图 14.35　放置赛车

导入模型后，Project 窗口中会有赛车的资源目录，如图 14.34 所示。

设置摄像头的位置和角度，把摄像机拖到车下面，让相机作为车的子物体，这样相机会跟随着车移动和旋转，如图 14.36 所示。

图 14.34　赛车资源列表

图 14.36　摄像机作为车的子物体

重置相机的 Transform 组件，让相机相对于车的 (0,0,0) 位置，如图 14.37 所示，然后利用工具栏 调整相机的位置和旋转角度，调到合适的位置，如图 14.38 所示。

把赛车模型拖到场景中，放到跑道上，赛车身上已经有控制脚本了。直接运行游戏，通过键盘的方向键或者 WSAD 来控制赛车，如图 14.35 所示。

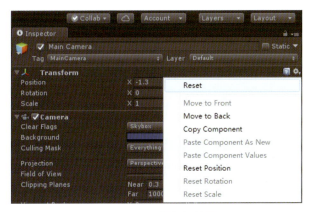

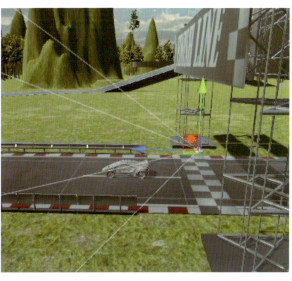

图 14.37　重置相机位置

图 14.38　调整相机位置

单击运行游戏 按钮，通过键盘上的方向键或者 WSAD 键测试赛车和赛道完整度，如图 14.39 所示。

图 14.39　测试游戏

※ 14.4 游戏界面制作

1. 界面功能介绍

目前市面上主流的两个制作UI的插件一个是NGUI，另一个是Unity 4.6之后官方出的UGUI，这里使用的是Unity官方的UGUI插件来制作游戏界面。

UI界面功能包括3秒倒计时、计时器、计圈数、游戏完成Finish界面，如图14.40所示。

图 14.40　游戏界面

2. 导入UI资源素材

（1）把美工做好的UI图片导入到Unity中，直接拖曳UI文件夹到Unity的Porject窗口，如图14.41所示。

图 14.41　导入UI素材

（2）美工制作的png或者jpg的图片，UGUI是不能用的，需要把图片素材的格式转换成Sprite（2D and UI）。选中所有图片，在Inspector属性窗口中右击Texture Type，选择快捷菜单中的Sprite（2D and UI）命令，单击"Apply"按钮，如图14.42所示。

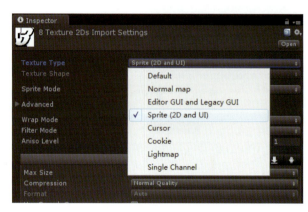

图 14.42　图片格式转换

3. 制作UI界面

1）赛车内饰背景

新建一个图片Image组件，在Hierarchy窗口单击鼠标右键，选择快捷菜单中的UI→Image命令，第一次创建UI控件，Unity会帮我们生成两个对象，一个是Canvas画布，另一个是EventSystem事件系统，所有的UI控件都必须放到画布下才能被渲染，EventSystem里面封装了UI的基本事件，如图14.43所示。

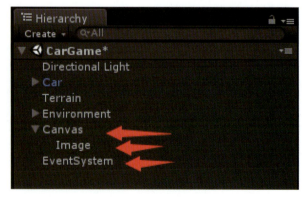

图 14.43　画布和事件系统

把Image重命名为Car_UI，在Inspector窗口把Image组件的图片换成赛车内饰的背景图car_UI，如图14.44所示。

第14章 赛车游戏项目实战

设置后如图 14.47 所示，背景 UI 自动填充整个屏幕。设置锚点后，UI 界面会自适应，不会因为屏幕分辨率的改变而使位置发生变化，如图 14.47 所示。

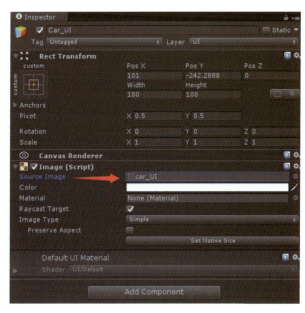

图 14.44 赛车背景图

设置背景图的锚点，在 Rect Transform 组件里单击锚点设置按钮，如图 14.45 所示。

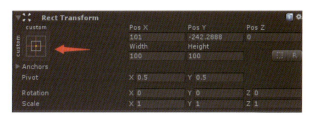

图 14.45 锚点按钮

按住 Alt 键单击右下角的锚点，让锚点位于屏幕的四周，同时把图片填充满整个屏幕，如图 14.46 所示。

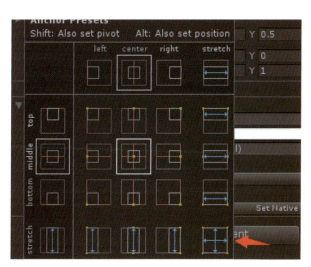

图 14.46 锚点设置

图 14.47 背景效果

2）3 秒倒计时

新建一个图片 Image 组件，在 Hierarchy 窗口单击鼠标右键，选择快捷菜单中的 UI → Image 命令，把 Image 重命名为 Time_UI。在 Inspector 窗口，把 Image 组件的图片换成倒计时的图片，倒计时要做成动态隐藏，Image 组件里有 Image Type 属性，把 Image Type 类型改成 Filled，如图 14.48 所示。

图 14.48 设置 Image 类型

通过改变 Fill Amount 属性的值来控制图片的隐藏和显示，如图 14.49 所示。

图 14.49 倒计时隐藏效果

设置锚点。按照上面设置锚点的步骤，在 Rect Transform 组件里单击锚点设置按钮，如图 14.50 所示。

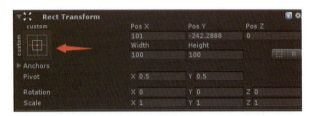

图 14.50　锚点选项

按住 Alt 键把锚点设置在屏幕中间，同时把图像放置到屏幕中心，如图 14.51 所示。

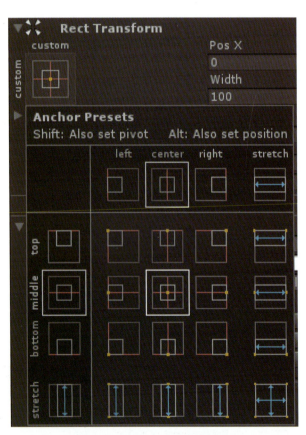

图 14.51　将锚点设置在屏幕中心

3）计时器界面

新建一个图片 Image 组件作为计时器的背景图，在 Hierarchy 窗口单击鼠标右键，选择快捷菜单中的 UI → Image 命令，把 Image 重命名为 Time_Bg，把图片资源换成计时器的背景图 time_UI。单击 "Set Native Size" 按钮恢复图片的原始大小，选中 "Preserve Aspect" 复选框设置等比例缩放，如图 14.52 所示。可以根据需要通过矩形工具 调整 UI 的大小。

图 14.52　Image 组件属性设置

设置锚点，方法同上。这里把锚点设置在屏幕的顶部，如图 14.53 所示。

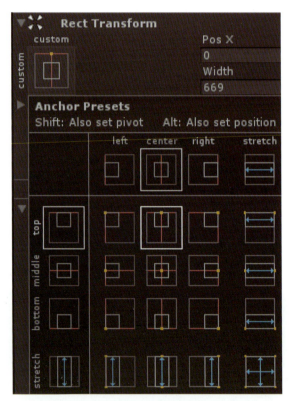

图 14.53　设置锚点在屏幕顶部中心位置

在 Time_Bg 下面添加一个 Text 文本组件，用来显示计时时间，在 Hierarchy 窗口，右键单击 Time_Bg，选择快捷菜单中的 UI → Text 命令，把 Text 重命名为 Time_Txt，设置 Text 组件的属性，如图 14.54 所示。

第14章 赛车游戏项目实战

图 14.54 设置 Text 组件属性

Text：文本组件显示的内容，设置默认显示"TIME 00:00"。

Character：Font Size 设置字体大小为 25。

Paragraph：Alignment 段落布局设置水平居中、垂直居中。

Color：把字体颜色设置为白色。

把 Time_Txt 的锚点也设置为居中，因为它是 Time_Bg 下面的子物体，所以这里的锚点居中是相对于 Time_Bg 的中间，如图 14.55 和图 14.56 所示。

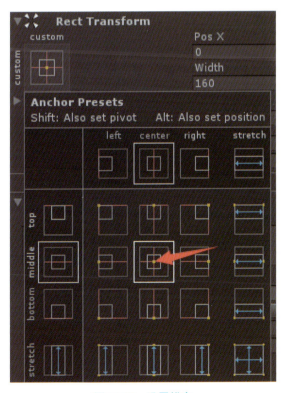

图 14.55 设置锚点

图 14.56 计时界面

4）圈数计数界面

这里圈数计数界面与计时器界面差不多，可以用复制粘贴。选中 Hierarchy 窗口中的 Time_Bg，按键盘上的 Ctrl+D 组合键，复制出一个 Time_Bg，然后对 Time_Bg 重命名，改名为 Lap_Bg，同时把它的子物体 Time_Txt 重命名为 Lap_Txt。把显示的图片换成 Lap_UI，把 Text 文本显示的内容改成"LAP 0"，如图 14.57 和图 14.58 所示。

图 14.57 复制并重命名

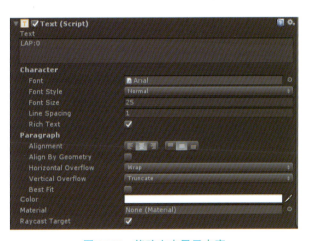

图 14.58 修改文本显示内容

把 Lap_Bg 的锚点设置为屏幕的底部，同上，单击锚点设置按钮，按住 Alt 键单击图 14.59 所示锚点。

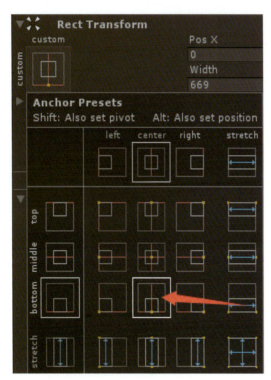

图 14.59　设置锚点

最终效果如图 14.60 所示。

图 14.60　圈数记录界面

5）游戏完成、Finish 界面

同理，新建一个图片 Image 组件作为游戏完成界面。在 Hierarchy 窗口单击鼠标右键，选择快捷菜单中的 UI → Image 命令，把 Image 重命名为 Finish_Bg，把图片资源换成计时器的背景图 finish_UI，单击 "Set Native Size" 按钮恢复图片的原始大小，如图 14.61 所示。

图 14.61　Finish 界面

把锚点设置到屏幕的中心，如图 14.62 所示。

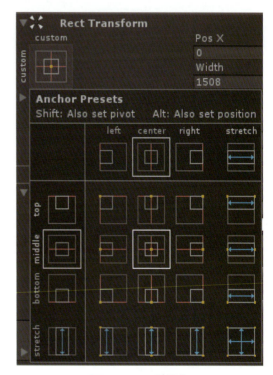

图 14.62　设置锚点

最终效果如图 14.63 所示。

图 14.63　游戏完成界面

Finish_UI 可以先隐藏，等游戏完成后再显示。在 Hierarchy 窗口中选中 Finish_UI，右边的 Inspector 窗口中把 Finish_UI 隐藏，按图 14.64 所示把勾选去掉。

图 14.64 隐藏 Finish 界面

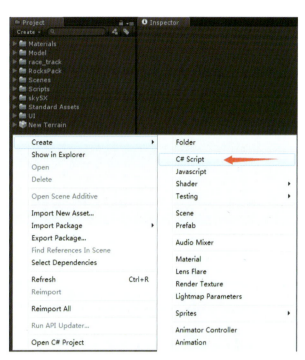

图 14.66 新建 C# 脚本

※ 14.5 脚本实现功能

1. 倒计时功能

倒计时功能是利用 Image 组件的 Image Type 为 filled 类型时的填充属性，在计时的同时改变 Fill Amount 值，来达到慢慢隐藏的效果，如图 14.65 所示。

图 14.67 脚本重命名

双击脚本，打开脚本编辑器，这里先定义几个变量，如图 14.68 所示。

图 14.65 倒计时功能

图 14.68 定义变量

新建一个脚本 GameManager.cs，用来实现所有 UI 的交互逻辑，然后绑定到车上。在 Project 窗口，右键单击鼠标，选择快捷菜单中的 Create → C# Script 命令，将脚本重命名为 GameManager，如图 14.66 和图 14.67 所示。

Sprites：用来存放倒计时的 4 张图片资源，每一秒切换一张图片。

timeImg：倒计时图片组件，实现渐变隐藏效果。

Index：用来判断当前切换到哪张图。

tempTime：计时变量，用来累计每帧的时间，判断是否计满 1 秒。

定义完变量后保存脚本（按 Ctrl+S 组合键），然后回到 Unity 界面，可以发现脚本组件上多了几个变量，如图 14.69 所示。

把脚本里需要的对象通过拖曳的方式赋值，这样就可以在脚本里直接使用，如图 14.70 所示。

接着在 Update 里面实现倒计时逻辑，Update（）是 Unity 每渲染一帧都会进入一次，所以通过 tempTime += Time.dealTime 来计时，Time.dealTime 是每帧的渲染时间。tempTime 每计时一秒，切换到下一张图片，同时清零重新计秒，在没满 1 秒时，改变 timeImg.fillAmount 的值来实现图片逆时针隐藏的效果，倒计时结束后通过 timeImg.gameObject.SetActive（false）代码把倒计时的图片隐藏，如图 14.71 所示。

图 14.69　添加组件

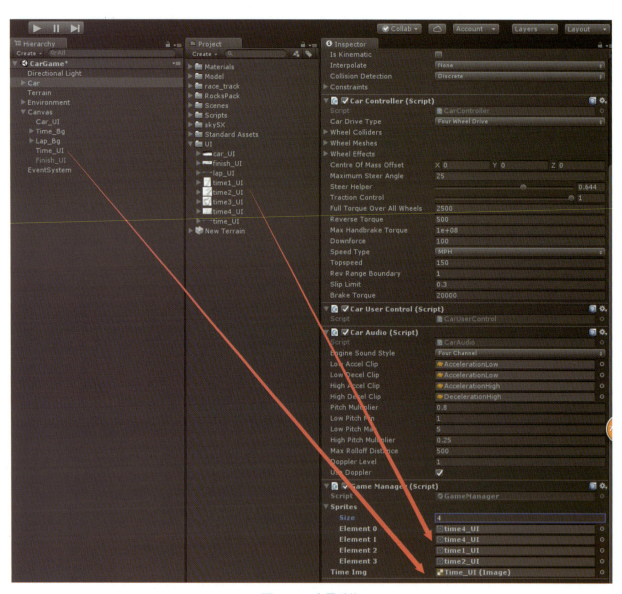

图 14.70　变量赋值

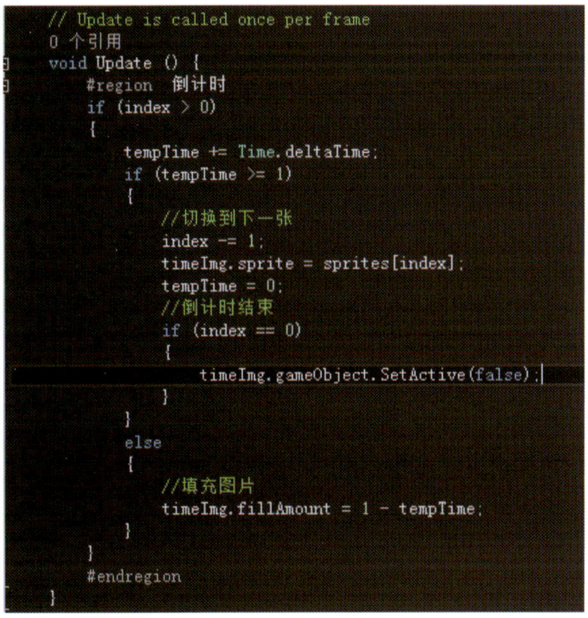

第14章 赛车游戏项目实战

图 14.71　倒计时脚本

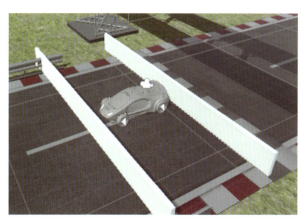

图 14.73　放置围栏

把 WallA 和 WallB 的"Mesh Renderer"复选框勾选去掉，让墙只检测碰撞，不被渲染，如图 14.74 所示。

回到 Unity，运行游戏，测试功能，效果如图 14.72 所示。

图 14.72　倒计时效果

图 14.74　取消 Mesh Renderer 组件功能

最终效果如图 14.75 所示。

为了防止赛车抢跑，可以在起点位置放置两个 BoxCollider 作为围栏，倒计时结束后再把围栏隐藏。

在 Hierarchy 窗口创建一个 Cube，用鼠标右键单击选择快捷菜单中的 3D Object → Cube 命令，把 Cube 重命名为 WallA，通过场景编辑工具，把 WallA 调整到合适的位置和大小，把它放到终点线之前，放置好 WallA 后复制一个 WallA，改名为 WallB，把它移到赛车的后面，如图 14.73 所示。

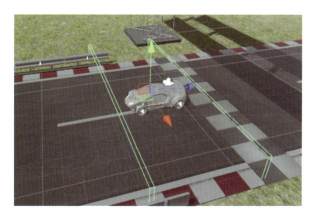

图 14.75　最终效果

脚本里新建两个变量，表示阻挡车的墙，回到 Unity，把两个墙对象拖到脚本里，如图 14.76 所示。

```
public GameObject wallA;    //墙A
public GameObject wallB;    //墙B
```

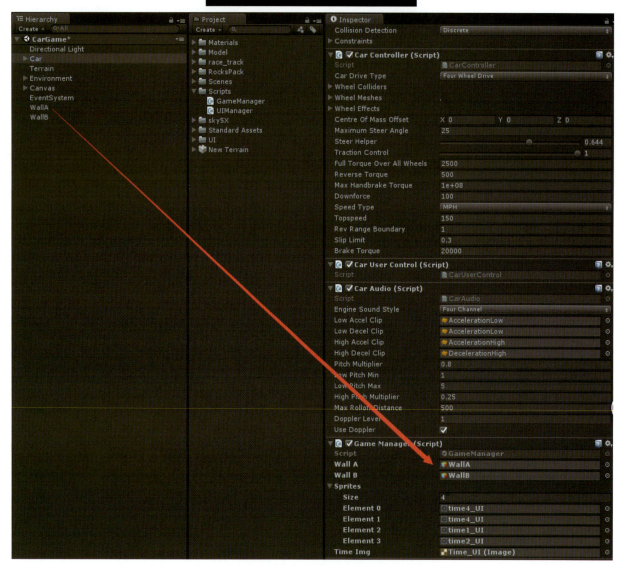

图 14.76　为脚本变量赋值

脚本里，在 3 秒倒计时结束后，通过 gameObject.SetActive（false）把 WallA 和 WallB 隐藏，如图 14.77 所示。

```
//倒计时结束
if (index == 0)
{
    timeImg.gameObject.SetActive(false);
    wallA.SetActive(false);
    wallB.SetActive(false);
}
```

图 14.77　计时结束隐藏围墙

2. 计时器功能

在脚本里新建 3 个变量：timeText，显示时间的文本组件，每一秒刷新一次文本显示的内容；totalTime，计时的总时间，isTime，是否开始计时。倒计时结束后才开始计时，如图 14.78 所示。

```
public Text timeText;              //计时器文本组件
private int totalTime = 0;         //总时间
private bool isTime = false;       //是否开始计时
```

图 14.78　定义变量

在 Update（）方法里编写计时代码，倒计时结束把 isTime 设置为 true，所以这里先判断 isTime 等于 true 才开始计时，每计时 1 秒，刷新一下文本显示的内容，如图 14.79 所示。

在 TimeChange（）方法里，每秒刷新一次文本显示的内容，同时把时间转换成"TIME 00:00"的格式，这里写一个时间格式转换的方法 TimeChange（），如图 14.80 所示。

图 14.79　每秒刷新文本

图 14.80　时间格式转化方法

回到 Unity，把计时器的文本组件拖到脚本上，赋值给 timeText，如图 14.81 所示。

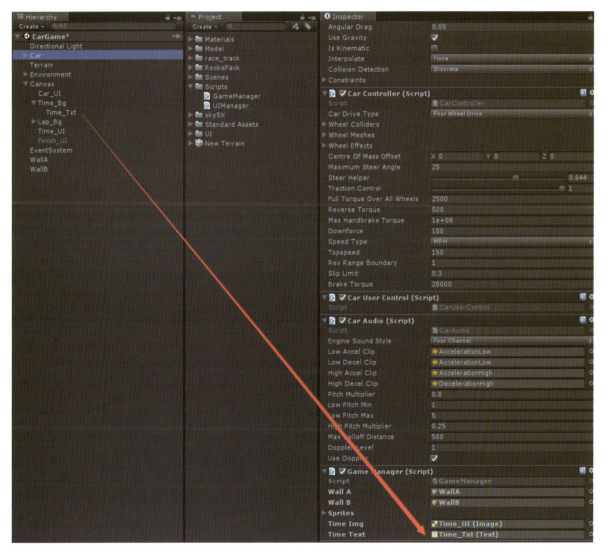

图 14.81　timeText 变量赋值

运行游戏，测试一下效果，倒计时结束后计时器开始计时，效果如图14.82所示。

图14.82 计时器效果

3. 圈数计算功能

在赛道的终点（EndPoint）和中心点（MidPoint）分别设置碰撞器，用来检测赛车是否经过，赛车经过这两个点就算跑完一圈，正常的赛车游戏会在赛道上设置很多个点，计数更准确而且可以实现复位功能，这里做简单点，只加了两个点，即赛道的起点和中心点。

在场景里添加两个Cube，重命名EndPoint和MidPoint。通过缩放工具，调整到合适的大小，放到跑道的终点和中心点，如图14.83所示。

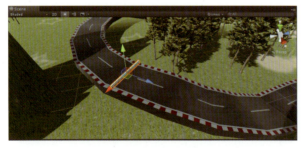

图14.83 添加碰撞点

把EndPoint和MidPoint身上的Mesh Renderer组件勾选掉，让它不被渲染，同时把碰撞器组件Box-Collider的Is Trigger设置为true，让它作为触发器功能使用，如图14.84所示。

图14.84 设置触发器

回到脚本编辑器，声明几个变量，如图14.85所示。circleText：圈数显示的文本组件，用来显示圈数的；circleNum：记录总圈数；isEnd：是否经过终点，赛车经过终点触发器时将该标志设置为true；isMid：是否经过赛道中心点，赛车经过赛道中心点时将该标志设置为true；finish：完成游戏的finish界面，当赛车跑完3圈时显示该界面。

```
public Text circleText;      //圈数文本组件
int circleNum = 0;           //记录总圈数
bool isEnd = false;          //是否经过终点
bool isMid = false;          //是否经过跑道中心点
public GameObject finish;    //完成游戏界面
```

图14.85 定义变量

在触发器回调函数里实现代码逻辑。代码逻辑：赛车通过赛道中心点和赛道终点算跑完一圈，前提是需要先通过赛道的中心点，才能判断经过赛道终点。每跑完一圈刷新一下圈数显示，同时判断一下，当圈数等于3时显示游戏完成界面，如图14.86所示。

回到 Unity，把显示圈数的文本组件拖到脚本里，并赋值给 circleText；把游戏完成界面拖到脚本里，并赋值给 Finish，如图 14.87 所示。

图 14.86　计圈逻辑代码

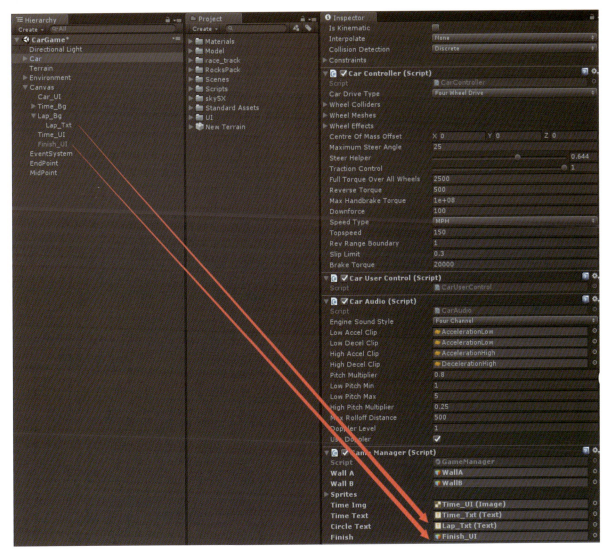

图 14.87　变量赋值

运行游戏，测试功能，效果如图 14.88 所示。

图 14.88　游戏效果

※ 14.6　游戏发布

保存游戏场景。按 Ctrl+S 组合键保存场景，给场景取个名字为 CarGame，如图 14.89 所示。

图 14.89　保存场景

选择 File → Build Setting → Add Open Scenes 菜单命令，把赛车的场景添加到包里，选择 PC,Mac&Linux Standalone（PC 平台）选项，如图 14.90 所示。

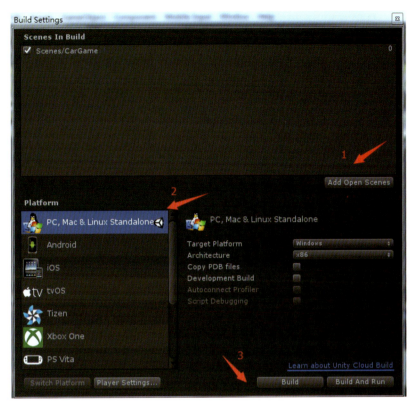

图 14.90　切换平台

单击"Build"按钮，给可执行文件取个名字，如图 14.91 所示。

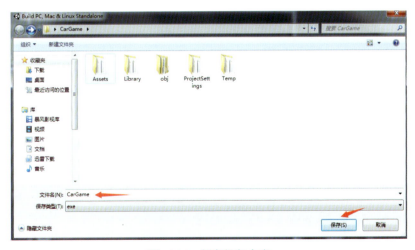

图 14.91　保存打包内容

单击"保存"按钮后，剩下的工作由 Unity 自动完成，需要等待一段时间。出完包后，在工程目录下会生成两个文件，即 .exe 的可执行文件和 CarGameData 的资源文件，这两个文件必须放一起，游戏才能正常运行，如图 14.92 所示。

图 14.92 打包生成文件

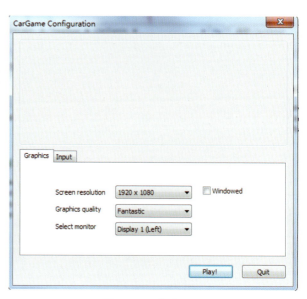

图 14.93 游戏设置

双击 CarGame.exe 就可以启动游戏，设置一些游戏参数，包括窗口分辨率、窗口模式、画质等，单击"Play"按钮，如图 14.93 和图 14.94 所示。

图 14.94 游戏测试效果

第 15 章
AR 小红军项目实战

学习目标:
- 学习 EasyAR SDK 的使用
- 掌握动画、音效的切换
- 代码实现简单交互
- AR 脱卡功能的实现
- 出包真机测试

增强现实技术（Augmented Reality，AR）是一种实时地计算摄影机影像位置及角度并加上相应图像、视频、3D 模型的技术，这种技术的目标是在屏幕上把虚拟世界套在现实世界并进行互动。随着这两年 AR 技术的快速发展，市面上出现了越来越多的 AR SDK 供开发者使用，让 AR 应用开发简单很多。与 AR 相关的应用也越来越多。本章将带领大家做一个 AR 的小应用，识别图片出现模型，可以跟模型做些简单交互。

※ 15.1 项目介绍

随着这两年 AR 的兴起，市面上出现越来越多的 AR 应用，如 AR 卡片、AR 涂涂乐、结合 LBS 技术的精灵宝可梦等。很多大公司也投入到了 AR 的领域，如苹果公司的 ARKit、谷歌公司的 ARCore 等，正是有了这些公司，他们把 AR 技术进行了封装，让开发者可以很方便地制作自己的 AR 应用。本章将利用 EasyAR SDK 来制作一个简单的 AR 应用。EasyAR 是视辰信息科技（上海）有限公司自主研发的一款 AR 开发工具包，里面封装好了 AR 的接口，直接调用就可以实现 AR 功能。本章制作一个扫描图片，出现小红军的模型，可以跟小红军进行交互，让模型做一些动作，如图 15.1 所示。

图 15.1　AR 小红军

※ 15.2　EasyAR SDK 介绍

EasyAR 是 Easy Augmented Reality 的缩写，是视辰信息科技（上海）有限公司的增强现实解决方案系列的子品牌，其意义是：让增强现实变得简单易实施，让客户都能将该技术广泛应用到广告、展馆、活动、App 等中。EasyAR SDK 有免费版本也有收费专业版，制作简单的应用使用免费版就可以了，免费版没有水印。

15.2.1　注册开发者账号

注册 EasyAR SDK 开发者账号首先需要访问 EasyAR 的官网 https://www.easyar.cn/，注册开发者账号（制作项目需要），如图 15.2 所示。

图 15.2　EasyAR 官网

单击右上角"注册"按钮，在弹出界面输入注册信息，注册自己的开发者账号，注册后登录账号，如图 15.3 所示。

图 15.3　注册账号

15.2.2　应用授权

使用 EasyAR SDK，每个应用都需要授权，与 SDK License Key 相关联，否则在联网的状态下是无法使用 SDK 功能的。所以，每新建一个应用都必须授权，步骤如下。

（1）登录自己的开发者账号。

（2）进入开发者中心界面，如图 15.4 所示。

（3）单击"SDK 授权管理"，再单击"添加 SDK license key"按钮，如图 15.5 所示。

（4）选择 EasyAR SDK Basic 免费无水印版本，填好应用详情，都可以根据自己需要填写，这里需要注意的是 Bundle ID（IOS）和 PackageName（Android），这两个值需要与 Unity 中的 Package Name 一致，如图 15.6 所示。

图 15.4　进入开发者中心

图 15.5　授权管理界面

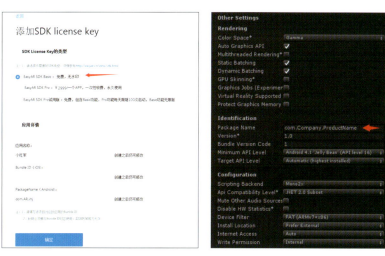

图 15.6　添加 SDK license key

生成后如图 15.7 所示。

单击小红军进入，可以查看 App 的 SDK license key，如图 15.8 所示，这个 SDK license key 就是 Unity 项目里需要用到的，下面用到再详细说明。授权之后的应用都会在 SDK 授权管理界面，可以随时查看和修改。

图 15.7　授权成功

图 15.8　授权管理

15.2.3 SDK 下载使用

下载 EasyAR SDK，这里使用的是免费的 Basic 版，使用的是早期的 1.3.1 的版本，所以这里选择历史版本，如图 15.9 所示。

找到 EasyAR SDK v1.3.1 并下载 EasyAR SDK v1.3.1，如图 15.10 所示，下面还有 EasyAR SDK v1.3.1 Unity Samples，需要的话可以自己下载，里面有很多官方案例，自学可以参考官方案例来学习。

图 15.9　下载历史版本

图 15.10　下载 EasyAR SDKv1.3.1

下载完成后解压 EasyAR_v1.3.1.zip 的压缩包，里面目录结构如下：安卓、苹果和 Unity 这 3 个平台的 SDK，如图 15.11 所示。

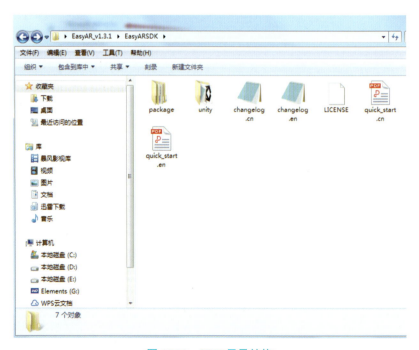

图 15.11　SDK 目录结构

第15章　AR小红军项目实战

这里使用的是 Unity 引擎来开发，所以用到的是 Unity 目录下的文件，一个是案例 Sample_HelloAR 工程，可以直接用 Unity 打开，另一个是 AR 的 SDK，与 AR 功能相关的接口都封装在里面，需导入 Unity 里使用，如图 15.12 所示。

打开 Unity，再打开 Sample_HelloAR 官方案例，Project 窗口里 HelloAR → Scenes → HelloAR 场景，如图 15.13 所示。

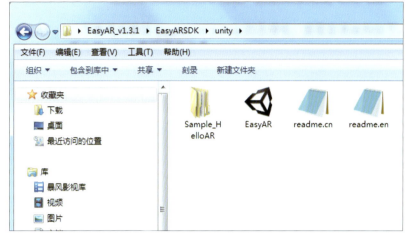

图 15.12　Unity 目录下的文件

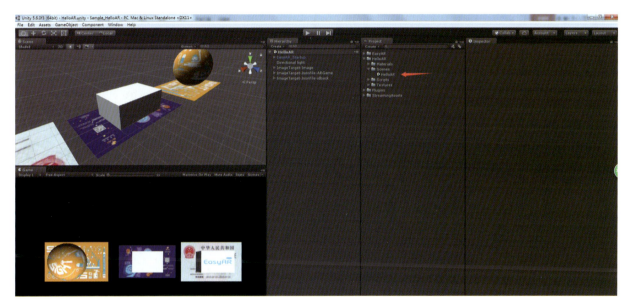

图 15.13　Sample HelloAR

在没有输入 SDK license key 时，AR 功能是无法开启的，如图 15.14 所示。

图 15.14　缺少 SDK license key

把之前官方授权的 App 里的 SDK license key 值复制到 EasyAR_Startup 对象上的 Easy AR Behaviour 脚本里，如图 15.15 和图 15.16 所示。

图 15.15　SDK 授权管理界面

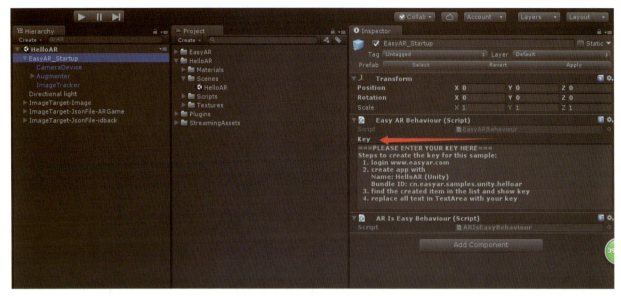

图 15.16 输入 SDK license key

运行游戏，程序会自动调用电脑上的摄像头，用摄像头对准指定图片，会出现对应的模型，识别底图和模型对应关系如图 15.17 所示。

15.2.4 SDK 功能介绍

其主要包含两部分，如图 15.18 所示。

EasyAR_StartUp：相当于 Unity 里的主摄像机，AR 的算法、摄像头的开启关闭、图像的识别、模型的跟踪等都封装好了，直接把这个预制体拖到场景里即可。

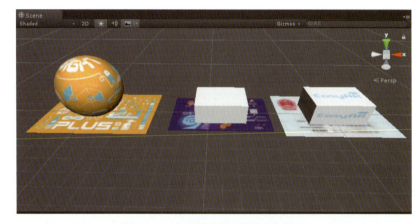

图 15.17 识别底图与模型对应关系

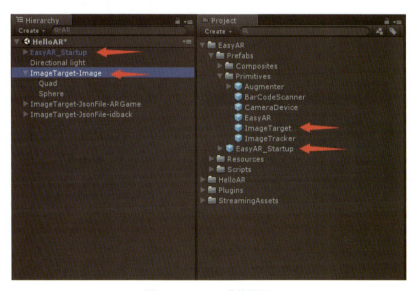

图 15.18 SDK 功能界面

ImageTarget：设置识别的底图和模型。它身上绑定了EasyImageTargetBehaviour.cs 脚本，这个脚本里实现了 AR 功能的一些方法，可以在里面实现需要的逻辑，如图 15.19 和图 15.20 所示。

- OnTargetFound：摄像机识别到图像的回调方法，这里默认的方法是显示下面的所有子物体，即 3D 模型。
- OnTargetLost：摄像机丢失图片的回调方法，这里默认的方法是隐藏下面的所有子物体，即 3D 模型。
- OnTargetLoad：3D 模型加载完后回调的方法。
- OnTargetUnload：3D 模型卸载后回调的方法。

可以在以上几个方法里添加业务逻辑代码。

```
0 个引用
public class EasyImageTargetBehaviour : ImageTargetBehaviour
{
    1 个引用
    protected override void Awake()
    {
        base.Awake();
        TargetFound += OnTargetFound;
        TargetLost += OnTargetLost;
        TargetLoad += OnTargetLoad;
        TargetUnload += OnTargetUnload;
    }

    1 个引用
    protected override void Start()
    {
        base.Start();
        HideObjects(transform);
    }

    3 个引用
    void HideObjects(Transform trans)
    {
        for (int i = 0; i < trans.childCount; ++i)
            HideObjects(trans.GetChild(i));
        if (transform != trans)
            gameObject.SetActive(false);
    }

    2 个引用
    void ShowObjects(Transform trans)
    {
        for (int i = 0; i < trans.childCount; ++i)
            ShowObjects(trans.GetChild(i));
        if (transform != trans)
            gameObject.SetActive(true);
    }

    1 个引用
    void OnTargetFound(ImageTargetBaseBehaviour behaviour)
    {
        ShowObjects(transform);
        Debug.Log("Found: " + Target.Id);
    }

    1 个引用
    void OnTargetLost(ImageTargetBaseBehaviour behaviour)
    {
        HideObjects(transform);
        Debug.Log("Lost: " + Target.Id);
    }
```

图 15.19 脚本（一）

```
1 个引用
void OnTargetLoad(ImageTargetBaseBehaviour behaviour, ImageTrackerBaseBehaviour tracker, bool status)
{
    Debug.Log("Load target (" + status + "): " + Target.Id + " (" + Target.Name + ") " + " -> " + tracker);
}

1 个引用
void OnTargetUnload(ImageTargetBaseBehaviour behaviour, ImageTrackerBaseBehaviour tracker, bool status)
{
    Debug.Log("Unload target (" + status + "): " + Target.Id + " (" + Target.Name + ") " + " -> " + tracker);
}
```

图 15.20 脚本（二）

ImageTarget 对象身上的EasyImageTargetBehaviour 组件参数介绍，如图 15.21 所示。

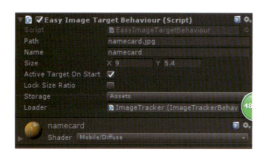

图 15.21 Easy Image Target Behaviour 组件参数

Path：识别底图的路径，该路径包含名字，Storage 选择 Assets 时默认的路径是 StreamingAssets 目录，所以把识别底图放到 StreamingAssets 目录下，Path 直接填写图片名字加后缀就可以了。

图 15.22　将 3D 模型放置在 ImageTarget-Image 下面

Name：识别底图的名字。

Active Target On Start：是否在程序启动时就激活，只有处于激活状态才会被识别。

Storage：资源的路径。

把识别底图需要显示的 3D 模型放在 ImageTarget-Image 下面，作为它的子物体，如图 15.22 所示。

这样设置后，运行游戏，AR 功能可以正常使用，但是这样底图是没有材质的，不方便模型与底图位置关联和绑定，如图 15.23 所示。

创建一个材质球，把材质球赋值给 ImageTarget-Image，新建材质球，如图 15.24 所示。

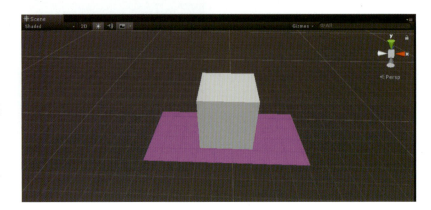

图 15.23　运行游戏

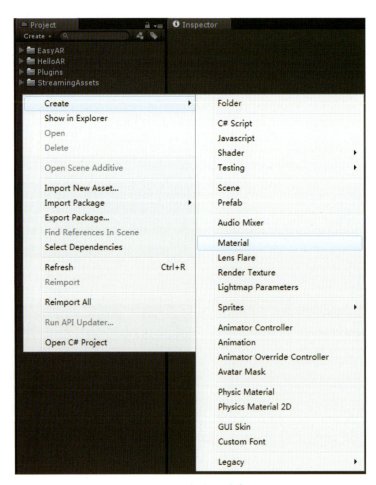

图 15.24　新建材质球

第15章 AR小红军项目实战

把材质球的贴图换成识别的底图，如图15.25所示。

把材质球赋值给ImageTarget-Image对象身上的Mesh Renderer组件，如图15.26所示。

赋值完后效果如图15.27所示，底图也是显示的。

图15.25 把材质球贴图换成识别的底图

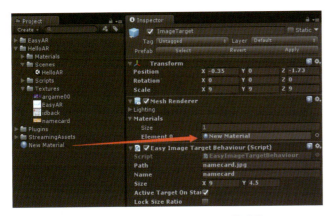

图15.26 为Mesh Renderer组件赋值

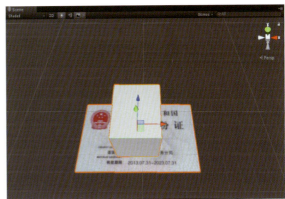

图15.27 赋值后的效果

※ 15.3 AR 小红军项目

15.3.1 项目准备工作

新建一个Unity项目，按Ctrl+S组合键先保存场景，如图15.28所示。

导入EasyAR SDK。选择Assets→Import Package菜单命令，选择从EasyAR官网下载的SDK，放在前面下载的压缩包里面，如图15.29所示。

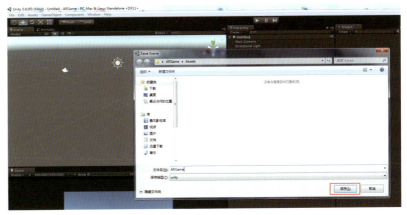

图15.28 保存场景

图 15.29　导入 EasyAR SDK

图 15.32　选中 EasyAR_Startup 对象

导入后目录结构如图 15.30 所示。

图 15.30　导入后的目录结构

把 Hiererchy 窗口中的主摄像机 Main Camera 和 Directional Light 删除，因为使用的是 EasyAR SDK 里面的摄像头作为场景的主摄像机。然后把 Easy_AR_Startup 和 ImageTarget 拖到 Hierarchy 窗口里（添加到场景中），如图 15.31 所示。

图 15.31　把对象添加到场景中

选中 EasyAR_Startup 对象，右边的 Inspector 属性窗口，把应用授权的值赋给它（只有授权后的应用才能使用 SDK 功能），如图 15.32 和图 15.33 所示。

图 15.33　将应用授权值赋给 EasyAR 对象

选中 ImageTarget 对象，从右边的属性窗口可以看到它身上绑的是 ImageTargetBehaviour.cs 脚本，该脚本是没有实现 AR 识别显示、隐藏的功能。可以自己写代码实现 AR 功能需要的几个接口，也可以从其官方的案例工程里直接把 EasyImageTargetBehaviour.cs 脚本拖到自己的项目里，该脚本里的接口都写好了，只需往里面添加逻辑代码即可。

这里把 Sample_HelloAR 项目里的 EasyImageTargetBehaviour.cs 脚本复制到工程里，同时把它挂到 ImageTarget 身上的 ImageTargetBehaviour.cs 脚本移除，如图 15.34 所示，添加 EasyImageTargetBehaviour.cs，如图 15.35 所示。

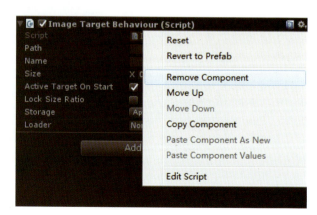

图 15.34　移除脚本

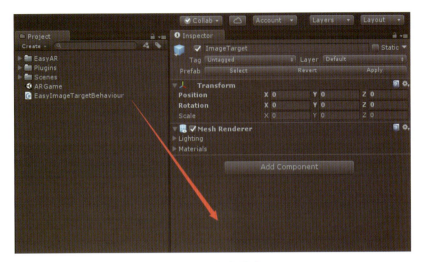

图 15.35 添加脚本

在 Project 窗口新建一个文件夹，重命名为 StreamingAssets。注意命名不能错。把身份证背面图 idback.jpg 放在 StreamingAssets 目录下，必须把识别的底图放到该目录里才能被识别。再新建一个文件夹，重命名为 Texture，把 idback.jpg 复制一份，放到该文件夹下，如图 15.36 所示。

新建一个材质球，把材质球贴图换成 idback.jpg，如图 15.37 所示，把材质球赋值给 ImageTarget，同时设置 EasyImageTargetBehaviour 组件身上的属性，如图 15.38 所示。

图 15.36 复制文件并放于相应文件夹中

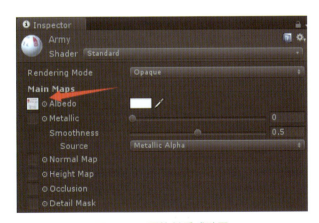

图 15.37 更换材质球贴图

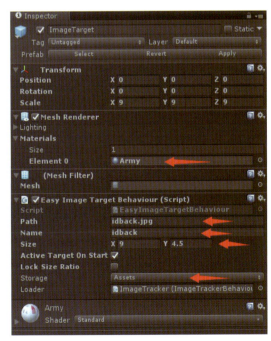

图 15.38 设置组件属性

在 ImageTarget 下面添加一个 Cube 作为它的子物体，作为摄像机识别到图像时显示的模型，稍微调整一下 Cube 的大小和位置，如图 15.39 所示。

运行游戏，测试 EasyAR 功能。摄像头扫描到 idback.jpg 图片时会出现 Cube 模型，说明 EasyAR SDK 运行正常。

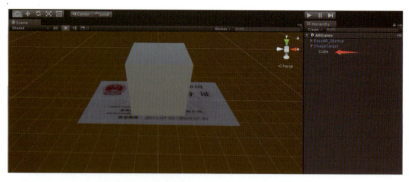

图 15.39　调整 Cube 的大小和位置

15.3.2　导入小红军模型

选择 Assets → Import Package 菜单命令，选择资源目录下的 Army.unitypackage 包，里面包含小红军模型和一整套动作，如图 15.40 和图 15.41 所示。

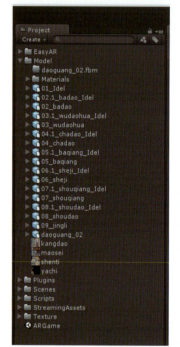

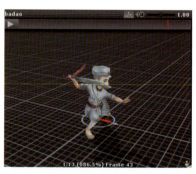

图 15.40　资源目录　　　图 15.41　小红军模型

把 ImageTarget 对象下的子物体 Cube 删除，新建一个空对象 Create Empty，重命名 Child，把 Child 的 Transform 组件重置，把小红军模型 01_Idle 拖到 Child 上面，让它作为 Child 的子物体，适当调整 01_Idle 的大小和位置，让模型站在识别底图的中心，使模型大小适中，如图 15.42 所示，现在运行游戏，摄像头扫到识别底图出现的模型就是小红军了。

图 15.42　调整模型大小并使之站在识别底图的中心

15.3.3 代码实现交互

AR 功能正常，小红军可以正常地显示和隐藏，接下来添加一些简单交互，主要是在 Android 手机上运行的，所以这边的交互都是基于 Android 的触屏操作，这里先介绍单根手指滑动实现旋转模型、两根手指拉近拉远实现缩放模型。使用的是 Unity 的输入管理类 Input，在 Child 对象身上添加一个 C# 脚本 Control.cs，代码如图 15.43 所示。

模型旋转：

```
void Update () {
    //单根手指操作
    if (Input.touchCount == 1)
    {
        //手指滑动屏幕
        if (Input.GetTouch(0).phase == TouchPhase.Moved)
        {
            if (Input.GetAxis("Mouse X") > 0)
            {
                transform.Rotate(0, -200 * Time.deltaTime, 0, Space.Self);
            }
            else if (Input.GetAxis("Mouse X") < 0)
            {
                transform.Rotate(0, 200 * Time.deltaTime, 0, Space.Self);
            }
        }
    }
}
```

图 15.43 在 Child 对象身上添加 C# 脚本

Input.touchCount：触摸点的个数，判断是单指操作还是多指操作。

Input.GetTouch：获取触摸点。

Input.GetTouch（0）.phase：获取第一个触摸点的状态（触摸、滑动、离开）。

Input.GetAxis（）：根据坐标轴名称返回虚拟坐标系中的值。Input.GetAxis（"Mouse X"）：获取水平轴的值，通过返回值（-1~1），来判断手指的滑动方向，若返回值小于 0，则手指向左滑动，若返回值大于 0，则手指向右滑动。

transform.Rotate：旋转模型，上面的代码是让模型绕着自身 Y 轴旋转。

模型缩放和移动方法如下。

两根手指合并（两根手指的距离小于 400 像素）在屏幕上移动，可以拖动模型的位置。

两根手指距离大于 400 像素，判定为缩放功能，两根手指靠近时缩小，拉远即放大。

代码如图 15.44 和图 15.45 所示。

```
//缩放方法
1 个引用
void ScaleFunction(bool isbig)
{
    float scale = transform.localScale.x;
    if (isbig)
        scale *= 1.05f;
    else
        scale /= 1.05f;
    Vector3 vec = new Vector3(scale, scale, scale);
    transform.localScale = vec;
}

//判断是放大还是缩小
1 个引用
bool isEnlarger(Vector2 pos1, Vector2 pos2)
{
    float distance1 = Vector2.Distance(pos1, pos2);
    if (distance1 > lastLength)
    {
        lastLength = distance1;
        return true;
    }
    else
    {
        lastLength = distance1;
        return false;
    }
}
```

图 15.44 模型缩放和移动代码一

```
else if (Input.touchCount == 2)
{
    Touch touch0 = Input.GetTouch(0);
    Touch touch1 = Input.GetTouch(1);
    //双指距离大于400像素为缩放
    if ((touch0.phase == TouchPhase.Moved || touch1.phase == TouchPhase.Moved) && Vector2.Distance(touch0.position, touch1.position) > 400)
    {
        bool isbig = isEnlarger(touch0.position, touch1.position);
        ScaleFunction(isbig);
    }
    //拖动模型
    else if (Vector2.Distance(touch0.position, touch1.position) < 400)
    {
        Vector3 worldPos = Camera.main.ScreenToWorldPoint(new Vector3(touch0.position.x, touch0.position.y, 1));
        transform.position = worldPos;
    }
}
```

图 15.45 模型缩放和移动代码二

代码也比较简单，首先是判断两根手指操作（Input.touchCount = 2），通过 Input.GetTouch（）获取触摸两点的状态、距离等。每一帧计算两个手指之间的距离与上一帧的距离作比较（Vector2.Distance（pos1, pos2））；通过 transform.localScale = new Vector3（scale, scale, scale）方法来实现放大缩小的功能。

拖动模型方法如下。

Vector3 worldPos = Camera.main.ScreenToWorldPoint（new Vector3（touch0.position.x, touch0.position.y, 1））；

transform.position = worldPos；

把触摸点的坐标通过 Camera.main.ScreenToWorldPoint 把屏幕坐标转换为世界坐标系，把小红军的坐标设置为转换后的坐标，以此来达到手指拖动模型的效果。

15.3.4 小红军动画控制

实现旋转和缩放功能后，再来添加动画控制功能。动作美工已经做好了，在前面导入的资源包里都有，这里使用的是 Unity 的动画组件 Animator 和动画控制器 Animator Control 来控制动画状态机的切换。

首先介绍怎么使用动画控制器。先往小红军对象身上添加 Animator 动画组件（动画的相关 API 需要该组件来调用），如图 15.46 所示。

图 15.46　向对象身上添加 Animator 动画组件

Animator 组件上有几个属性需要用到。

Controller：动画控制器（状态机），后面创建状态

机时再说明。

Avatar：模型结构（相当于骨骼），这里需要选择小红军的 Avatar，只有选择了 Avatar 模型才能做动画表现，如图 15.47 所示。

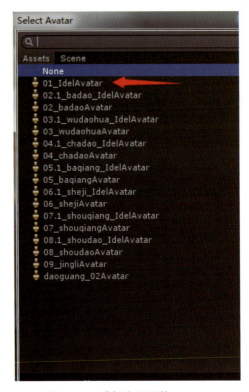

图 15.47　选择小红军的 Avatar

Apply Root Motion：是否使用根动画，有些动画本身是带位移的，如果需要动画中位移，可以勾选此复选框。

在 Project 窗口，单击鼠标右键，选择快捷菜单中的 Create → Animator Control 命令，创建一个动画控制器，来管理小红军的一整套动画状态，重命名 Army，如图 15.48 所示。

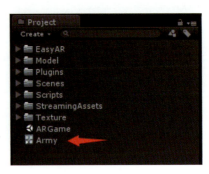

图 15.48　重命名 Army

双击 Army 动画控制器，进入动画控制器界面，如图 15.49 所示。

把 Project 窗口中的动画片段拖到动画控制器管理窗口中，如图 15.50 和图 15.51 所示。

图 15.49　动画控制器界面

图 15.50　拖放动画片段

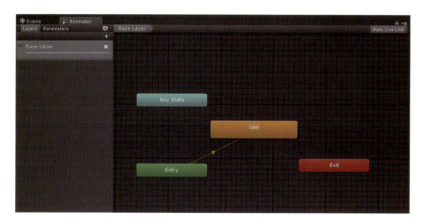

图 15.51　拖放动画片段到动画控制器窗口

动画的入口 Entry 默认会连接第一个拖进去的动画，即游戏一运行就会从 Entry 过渡到 Idel，小红军执行站立 Idel 动作。把其他动作也拖到动画控制器窗口，并连接好动画之间的过渡。

动画之间的过渡方法：需要选中一个动画，如 Idel，单击鼠标右键，选择快捷菜单中的 Make Transition 命令，然后把线连到 badao 动作，如图 15.52 和图 15.53 所示。

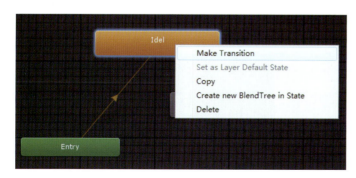

图 15.52　选择右键菜单中的 Make Transition 命令

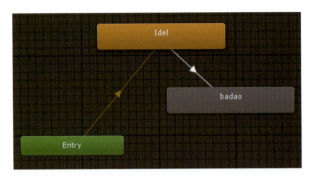

图 15.53 把线连到 badao 动作上

图 15.56 重命名参数

两个动画之间的过渡需要设置条件，没有条件限制会自动播放，所以需要给动画间的过渡添加条件。动画控制器窗口的左边有一个 Parameters 界面，可以在这里添加条件，单击"+"号，如图 15.54 和图 15.55 所示。

创建完条件参数后，来设置条件。

用鼠标选中两个动画间的过渡线，这里是 Idel 和 badao 之间的过渡线，右边的 Inspector 属性窗口会有两个动画过渡的一些信息，如图 15.57 所示。

图 15.54 Parameters 界面

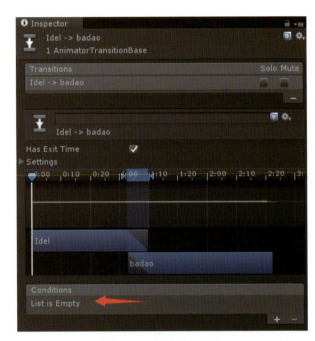

图 15.57 动画过渡信息

单击"+"号，选择创建的条件参数，如图 15.58 所示。

图 15.55 单击"+"号添加条件

图 15.58 选择条件参数

过渡条件的类型有 4 种，这里创建一个 Trigger 类型的过渡条件，给条件参数重命名为 play，如图 15.56 所示，让它作为从 Idel 站立动作切换到 badao 动作的过渡条件（后面的动作切换会用到这个条件）。

这样在代码里就可以通过 animator.SetTrigger（"play"）来切换动画，play 是上面设置的过渡条件。

按照上面的做法，把其他动画也拖到动画控制器窗口，需要手动切换动画的，过渡条件都设置为 play，有些动画间是不需要设置条件限制的，如 badao 动作过渡到 badaoidel，拔刀动作是自动过渡到拔刀站立动作的，不需要设置条件，如图 15.59 所示。

设置好动画状态机后，把动画功能添加到代码中。先把动画控制器 Army 拖曳到小红军对象身上的 Animator 组件中，如图 15.60 所示。

动画控制代码写在前面绑在 Child 上面的 Control.cs 脚本中。

首先需要往小红军模型身上添加一个碰撞器，用来检测射线（判断手指是否触摸模型），调整碰撞器的大小和位置，让它包围整个模型，如图 15.61 所示。

在 Awake 方法里，查找小红军身上的 Animator 组件，如图 15.62 所示。

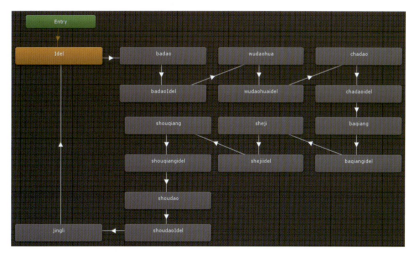

图 15.59　拖曳其他条件到动画控制器窗口并设置过渡条件

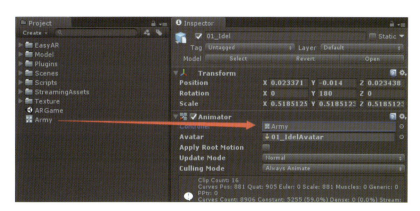

图 15.60　拖曳 Army 到 Animator 组件中

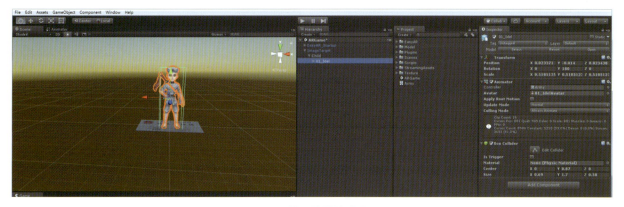

图 15.61　调整碰撞器的大小和位置

```
private Animator animator;    //动画控制器

void Awake()
{
    animator = transform.FindChild("01_Idel").GetComponent<Animator>();
    if (!animator)
        Debug.Log("Animator is missing");
}
```

图 15.62　查找小红军身上的 Animator 组件

在 Update 方法里，通过触摸屏幕发送射线，检测射线是否碰到模型，射线碰到模型再触发动画切换，如图 15.63 所示。

```
根手指操作
(Input.touchCount == 1)

//手指接触屏幕
if (Input.GetTouch(0).phase == TouchPhase.Began)
{
    //触屏时发射射线
    Ray ray = Camera.main.ScreenPointToRay(Input.GetTouch(0).position);
    RaycastHit hit;
    if (Physics.Raycast(ray, out hit, 1000))
    {
        if (animator)
            animator.SetTrigger("play");
    }
}
//手指滑动屏幕
else if (Input.GetTouch(0).phase == TouchPhase.Moved)
{
    if (Input.GetAxis("Mouse X") > 0)
    {
        transform.Rotate(0, -200 * Time.deltaTime, 0, Space.Self);
    }
    else if (Input.GetAxis("Mouse X") < 0)
    {
        transform.Rotate(0, 200 * Time.deltaTime, 0, Space.Self);
    }
}
```

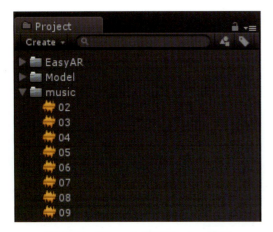

图 15.63　检测射线是否碰到模型

15.3.5　添加音效

动作添加完后，再来添加音效。把音效资源 music 拖到 Unity 的 Project 窗口，如图 15.64 所示。

图 15.64　将 music 拖到 Project 窗口

在 Child 的子物体 01_Idel 身上添加一个 AudioSource 音频组件，把“Play On Awake”勾选去掉，播放音效在代码里控制，如图 15.65 所示。

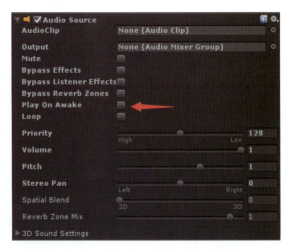

图 15.65　去掉“Play On Awake”复选框勾选

这里使用在动画的某一帧中插入播放声音的事件，所以在 01_Idel 身上创建一个脚本 AudioControl.cs 控制音效的播放（注意：要在动画的某一帧中插入事件，方法脚本和 Animator 必须绑定在同一个对象身上，否则识别不到方法）。定义一个数组，用来存放音效的资源文件，在 Awake 方法里获取到声音组件 AudioSource，如图 15.66 所示。

```
public AudioClip[] audioClip;   //音效资源文件
private AudioSource audioSource;  //音频组件
void Awake()
{
    audioSource = GetComponent<AudioSource>();
    if (!audioSource)
        Debug.Log("AudioSource is no find");
}
```

图 15.66　用 Awake 方法获取声音组件 AudioSource

给 audioClip 赋值，在 Unity 界面共有 8 个音效资源，所以把 audioClip 的大小设置为 8，把音效资源拖曳到 Audio Clip，如图 15.67 所示。

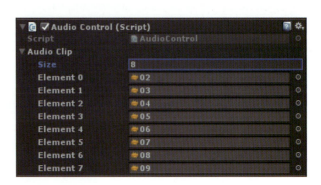

图 15.67　把音效资源拖曳到 Audio Clip

回到AudioControl脚本，写一个公有的方法PlayAudio让外部可以调用，参数index表示要播放哪个音效，使用audioSource.clip切换音效资源、audioSource.Play播放音效，如图15.68所示。

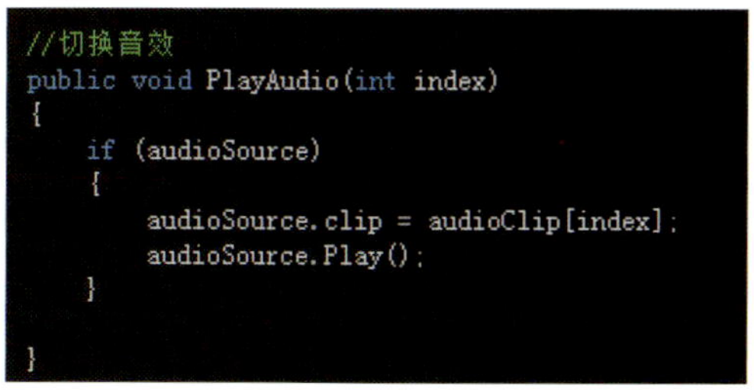

```
//切换音效
public void PlayAudio(int index)
{
    if (audioSource)
    {
        audioSource.clip = audioClip[index];
        audioSource.Play();
    }

}
```

图 15.68 PlayAudio 代码

接着需要在动画的某一帧插入PlayAudio方法来播放音效，回到动画控制器窗口，双击其中的某个动画。例如，在拔刀动作时播放02这个拔刀的音效，所以双击拔刀动画，右边的Inspector属性窗口有该动画的相关属性，其中有一个Events，如图15.69所示。

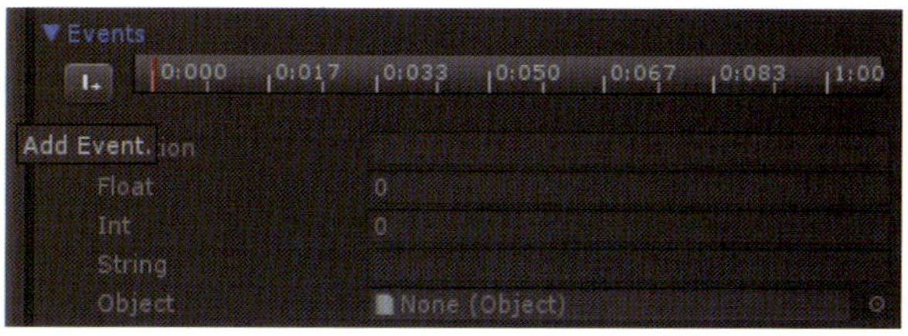

图 15.69 Events

单击添加事件，可以在某一帧中添加一个事件，调用自己写的方法，这里调用的是前面写的PlayAudio，下面的几个是参数，方法里定义的index是int类型的，所以填0，播放audioSource数组里的第0个音效，即拔刀的音效。如图15.70所示，也可以拖动蓝色的小矩形来调整事件的插入位置。其他动作添加音效的方法与此类似，这里就不一一演示了。

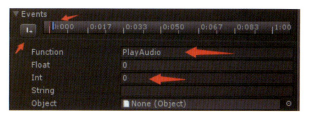

图 15.70 添加拔刀音效

添加完音效后，保存场景，发布成Android的APK包，安装到手机上就可以测试了。测试效果如图15.71和图15.72所示。

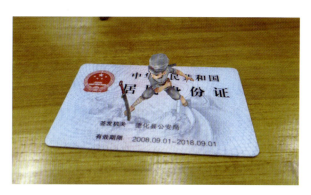

图 15.71 测试效果（一）

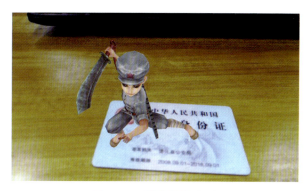

图 15.72 测试效果（二）

※ 15.4 AR小红军脱卡操作

基本功能已经实现了，下面做些调整，加一个脱卡功能。当摄像头离开识别图后，模型不会消失，会移动到屏幕的中心。实现的原理如下。

新建一个摄像机，当识别图丢失时，让该相机来渲染模型，EasyAR SDK的相机功能关闭，当重新识别到图片时，再恢复用EasyAR SDK的相机来渲染。

（1）在场景里新建一个相机，重命名为LostCamera，如图15.73所示，选中该相机，在右边的Inspector属性窗口新增一个Layer层，命名为Lost，如图15.74和图15.75所示，LostCamera只渲染该层，当扫描的识别图丢失后，会把小红军的层改为 Lost，只让该相机渲染。

图 15.73　重命名相机

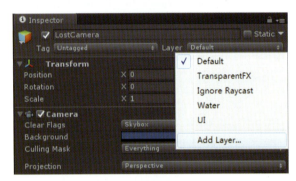

图 15.74　新增 Layer 层

图 15.75　命名层为 Lost

修改相机的属性。Clear Flags：Depth only；Culling Mask：Lost（只渲染 Lost 层），如图 15.76 所示。

图 15.76　修改相机属性

（2）新建一个空对象，重命名为 LostTrack，把所属层级改为 Lost，当识别图丢失后，该空对象用来存放小红军模型，如图 15.77 所示。

图 15.77　存放小红军模型的空对象设置

把 ImageTarget 的子物体 Child 拖到 LostTrack 对象下面，改一下 Child 的层级，默认是 default，改成 Lost，如图 15.78 所示。

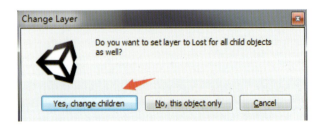

图 15.78　Change Layer 确认框

调整 LostCamera 和 LostTrack 的位置，让 LostCamera 可以渲染到整个小红军模型，如图 15.79 至图 15.82 所示。

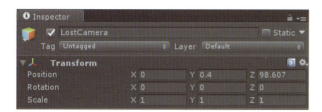

图 15.79 调整 LostCamera 的位置

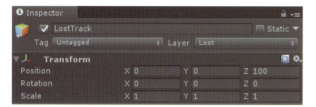

图 15.80 调整 LostTrack 位置

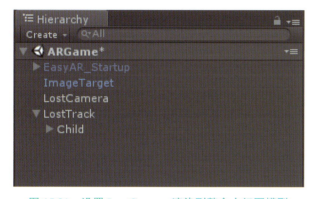

图 15.81 设置 LostCamera 渲染到整个小红军模型

图 15.82 设置后的效果

（3）调整好角度后，把 Child 重新拖到 ImageTarget 下，所属层级重新改为 default，同时把 Child 的 Transform 重置一下。实现代码如图 15.83 所示。在 LostTrack 对象身上添加一个 C# 脚本 LostTrack.cs。

```
private GameObject arCamera;      //Easy AR 摄像头
private GameObject lostCamera;    //识别图丢失，渲染模型的摄像头
public Transform child;           //3D模型(小红军)
public Transform imageTarget;     //ImageTarget对象

0 个引用
void Awake()
{
    arCamera = GameObject.Find("RenderCamera");
    if (!arCamera)
        Debug.Log("ARCamer is miss");
    lostCamera = GameObject.Find("LostCamera");
    if (!lostCamera)
        Debug.Log("LostCamera is miss");
}
```

图 15.83 实现代码

在 Awake 方法里找到要用到的对象，把 Child 和 ImageTarget 通过拖曳的方式赋值给 Child 和 ImageTarget，如图 15.84 所示。

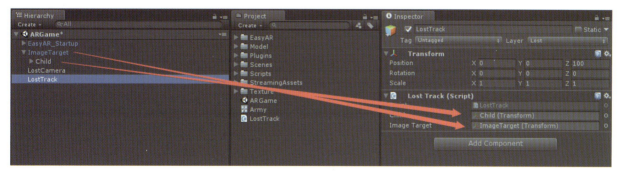

图 15.84 通过拖曳的方式给 Child 和 ImageTarget 赋值

下面实现 3 个方法，代码如图 15.85 所示。

```
//识别图丢失操作
1 个引用
public void ProcessLostTrack()
{
    arCamera.tag = "Untagged";
    lostCamera.tag = "MainCamera";
    child.parent = transform;
    ChangLayer(child, 8);
    child.localPosition = Vector3.zero;
    child.localScale = Vector3.one;
    child.rotation = Quaternion.identity;
}

//重新识别到
1 个引用
public void ResetTrack()
{
    arCamera.tag = "MainCamera";
    lostCamera.tag = "Untagged";
    ChangLayer(child, 0);
    child.parent = imageTarget;
    child.localPosition = Vector3.zero;
    child.localScale = Vector3.one;
    child.rotation = Quaternion.identity;
}

//更改对象的层
3 个引用
void ChangLayer(Transform tran, int layer)
{
    tran.gameObject.layer = layer;
    foreach (Transform child2 in tran)
    {
        ChangLayer(child2, layer);
    }
}
```

图 15.85　3 个方法的代码

① 识别图丢失操作。因为射线是主摄像机发出的，所以当识别图丢失时，把 EasyAR 的相机 tag 设为 "Untagged"，把 lostCamera 的 tag 设为 "MainCamera"，这样当识别图丢失时 lostCamera 可以发射射线，实现交互；把 Child 对象的父节点设置为 LostTrack，改变 Child 的所属层级，改为 Lost 层（8），同时把 Child 对象的位置、缩放、旋转重置。

②重新识别到操作。与上面的识别图丢失操作相反，把 EasyAR 的相机 tag 设置为 "MainCamera"，把 lostCamera 的 tag 设置为 "Untagged"，把 Child 对象的父节点设置为 ImageTarget，改变 Child 的所属层级为 default 层（0），同时把 Child 对象的位置、缩放、旋转重置。

③更改对象所属层。这里使用的是递归的方法，改变对象及其所有子物体的层级关系。

前面曾经讲过，EasyImageTargetBehaviour.cs 脚本里 EasyAR SDK 封装好了几个回调的方法，即 OnTargetFound（识别图识别回调）、OnTargetLost（识别图丢失回调）。所以只要在这两个方法里调用上面实现的识别图丢失和识别的方法即可，如图 15.86 所示。

```
1 个引用
void OnTargetFound(ImageTargetBaseBehaviour behaviour)
{
    ShowObjects(transform);
    Debug.Log("Found: " + Target.Id);
}

1 个引用
void OnTargetLost(ImageTargetBaseBehaviour behaviour)
{
    HideObjects(transform);
    Debug.Log("Lost: " + Target.Id);
}
```

图 15.86　实现识别图丢失和识别的方法

首先在 Awake 方法里找到 LostTrack 脚本组件，如图 15.87 所示。然后在 OnTargetFound 和 OnTargetLost 方法里调用 LostTrack 里的方法，同时当识别图丢失时，模型不能被隐藏，所以在 OnTargetLost 方法里把 HideObjects（Transform）方法注释掉，如图 15.88 所示。

```
private LostTrack lostTrack;
1 个引用
protected override void Awake()
{
    base.Awake();
    TargetFound += OnTargetFound;
    TargetLost += OnTargetLost;
    TargetLoad += OnTargetLoad;
    TargetUnload += OnTargetUnload;
    GameObject go = GameObject.Find("LostTrack");
    if (go)
    {
        lostTrack = go.GetComponent<LostTrack>();
        if (!lostTrack)
            Debug.Log("lostTrack is no find");
    }
}
```

图 15.87　LostTrack 脚本组件

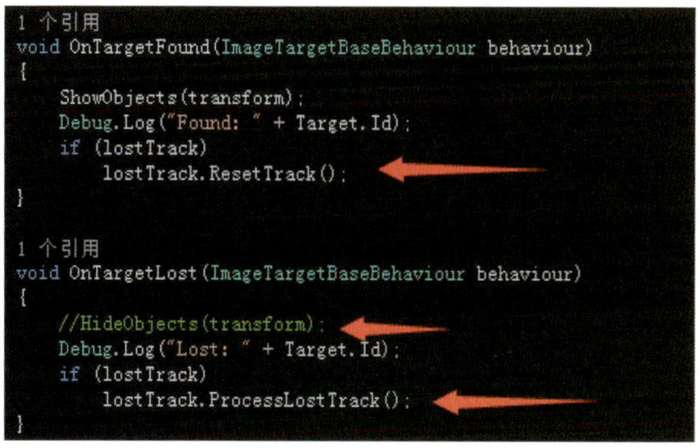

第15章 AR小红军项目实战

图 15.88 把 HideObjects（Transform）方法注释掉

最后在代码里添加一个退出功能，当用户按手机上的返回键时，可以退出该 App，这里把退出的代码放到 LostTrack.cs 脚本的 Update 方法里，如图 15.89 所示。

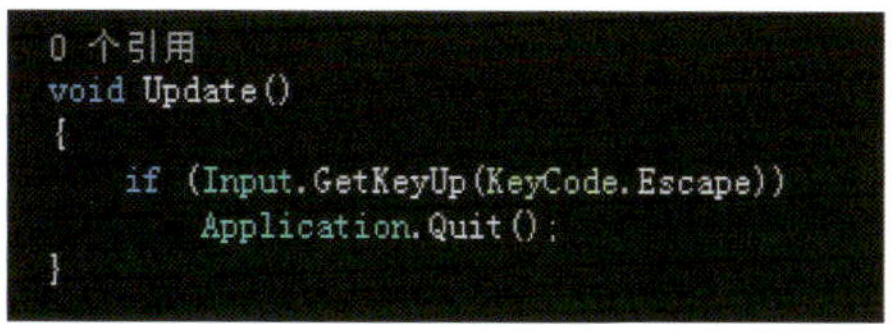

图 15.89 退出代码

至此项目算是完成了，保存场景，出 Andriod APK 包测试一下识别图丢失的脱卡功能。出 Andriod 包时有两个地方需要注意。勾选掉 "Auto Graphics API"，Graphics APIs 选择 OpenGLES2，这是 EasyAR SDK 支持的图形处理 API；Package Name 要与在 EasyAR SDK 官网授权 App 时取的名字一致，如图 15.90 和图 15.91 所示；把屏幕设置为左边横屏显示，如图 15.92 所示。

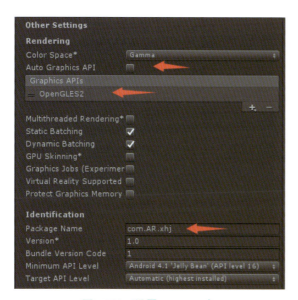

图 15.90 设置 Andriod 包

图 15.91 包名与官网授权 App 时取的要一致

图 15.92 设置左边横屏显示

还可以把启动界面改掉，默认的启动画面是 Unity 的 logo，把启动画面的资源拖到 Untiy 里，按图 15.93 所示设置启动界面。

图 15.93 设置启动界面

测试结果如图 15.94 所示。

图 15.94　测试结果

第 16 章
VR 虚拟样板间实战

学习目标：
- 谷歌 Cardboard SDK 的学习和使用
- 利用 Unity 动画编辑器制作一些简单动画
- 学习 EasymovieTexture 视频播放插件的使用
- 完成 VR 看房项目

随着这两年 VR 的兴起，VR 应用的领域越来越多，如教育、商业应用等。VR 的设备也是琳琅满目，有 HTC Vive、三星的 Gear VR、谷歌的 Cardboard 等。不同的设备厂商也提供了相应的 SDK，这使得开发 VR 应用变得简单。本章将制作一个商业的地产应用：VR 虚拟样板间，这里使用的是谷歌的 CardBoard SDK，这样 App 在普通手机上就可以使用，打开 App 放到普通的 VR 盒子头盔就有 VR 的效果。主要功能有虚拟样板间漫游、开电视、钢琴播放音乐、开关门动作。

※ 16.1 项目准备工作

新建一个 Unity 项目，取名为 VRHome，先保存场景 VRHome，如图 16.1 所示。

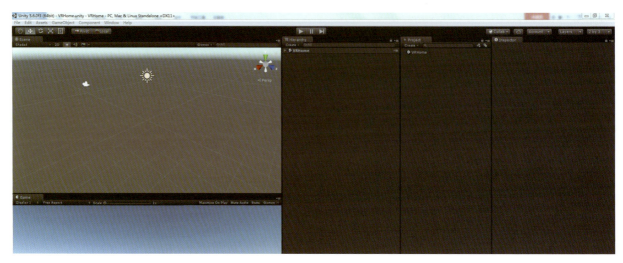

图 16.1 新建场景并保存

导入样板间模型和谷歌的 CardBoard SDK，直接把 CardboardSDKForUnity 和 shljz.FBX 拖到 Unity 的 Project 窗口，如图 16.2 所示。

把场景里的主摄像机 Main Camera 删除，这里使用的是谷歌 CardBoard SDK 里的摄像机，里面封装好了 VR 的功能（包括陀螺仪、屏幕左右分屏）。把虚拟样板间模型拖到场景里面，预览模型，一些门模型的位置需要调整。调整完毕后把样板间的 Transform 组件 Reset 重置一下，让它位于世界坐标系的中心（0,0,0）位置，如图 16.3 所示。

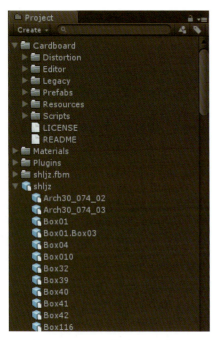

图 16.2 Unity 的 Project 窗口

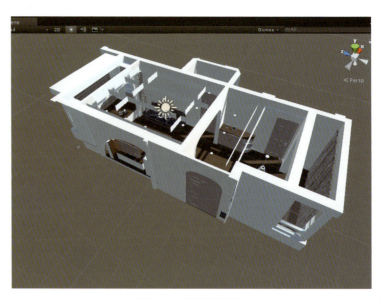

图 16.3 调整样板间

把 Cardboard sdk 里面的摄像机 CardboardMain 拖到场景里，如图 16.4 所示。

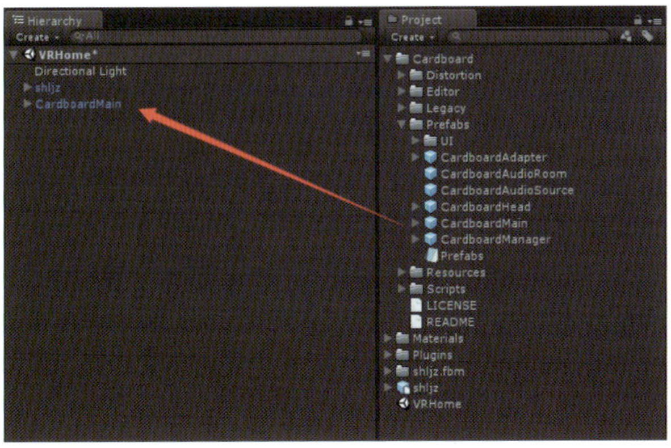

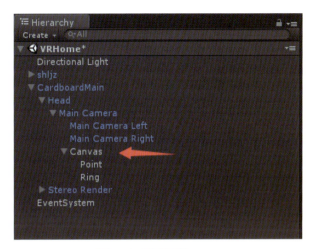

图 16.4　把摄像机拖到场景里

调整相机的位置至合适的角度，如图 16.5 所示。

图 16.5　调整相机的位置

※ 16.2　准心点功能制作

导入准心点的 UI 素材，把图片格式切换成 Sprite（2D 和 UI），在 CardboardMain 的 Head 下的 MainCamera 中添加一个画布，将画布的 Render Mode 设置成 World Space，新建两张 image，一个是圆心点，另一个是红色圆环，如图 16.6 所示，圆环的 Image 类型设置为 Filled，可填充模式，把 Fill Amount 值设置

为 0；调整画布的位置和大小，让它位于屏幕中心，如图 16.7 所示。

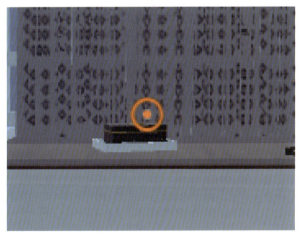

图 16.6　新建两张 image

图 16.7　调整画布至屏幕中心

给红色圆环加上脚本 Ring.cs，来实现准心点加载功能，主要原理是在 Update 方法里，通过发射射线检测碰撞，碰到需要交互的物体，加载准心点，准心点加载完后触发相应的动作（开关电视、播放钢琴曲、开关门等）；代码如图 16.8 所示。

在 Awake 方法里先找到主摄像机和红色圆环图像组件，在 Update 方法里，每一帧发射一条射线，当射线碰到物体时加载准心点圆环，射线离开物体，取消准心点加载。

```
public class RingCtr : MonoBehaviour {
    public float finishTime = 2.0f;        //准心点加载完一圈的时间

    private Transform m_Camera;            //射线摄像头
    private Image ringImg;                 //准心点图片组件(显示加载进度)
    private float time = 0;                //计时
    private bool isFinish = false;         //准心点是否加载完成

    0 个引用
    void Awake()
    {
        //发射线主摄像机
        m_Camera = GameObject.Find("Main Camera").transform;
        //找到准心点图片组件Image
        ringImg = gameObject.transform.GetComponent<Image>();
        if (!ringImg)
            Debug.Log("Ring Img is no find");
    }

    // Update is called once per frame
    0 个引用
    void Update()
    {
        Ray ray = new Ray(m_Camera.position, m_Camera.forward);
        RaycastHit hit;
        if (Physics.Raycast(ray, out hit, 1000))
        {
            //有看着物体,并且准心点还没加载完成,加载准心点进度
            if (!isFinish)
            {
                time += Time.deltaTime;
                ringImg.fillAmount = time / finishTime;
                if (ringImg.fillAmount >= 1)
                {
                    isFinish = true;
                }
            }
        }
        else if (time != 0)   //准心点离开物体,把加载进度清除
        {
            time = 0;
            ringImg.fillAmount = 0;
            isFinish = false;
        }
    }
}
```

图 16.8　准心点加载代码

保存脚本，在场景里新建一个 Cube，放到摄像机的前面，运行游戏，调整 CardboardMain 的角度，让摄像机看着 Cube，测试准心点加载效果，如图 16.9 所示。

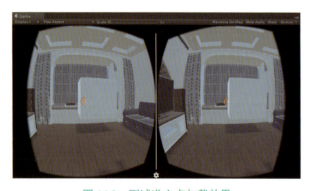

图 16.9　测试准心点加载效果

※ 16.3　开关门功能制作

（1）找到场景中的门对象，重命名为 door，给门添加一个碰撞器 BoxCollider（只有加了碰撞器，射线才能检测到），如图 16.10 所示。

图 16.10　给门添加碰撞器

（2）给门添加一个 open/close 开关门动画。选中门对象，按 Ctrl+6 组合键打开动画编辑窗口，创建一个 open 的动画片段，添加 Rotation 属性，设置关键帧，调整门模型的角度，如图 16.11 和图 16.12 所示。

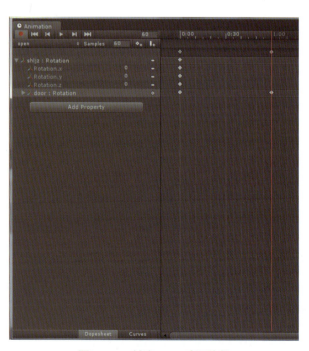

图 16.11　创建 open 动画片段

（3）创建完动画后，会默认在虚拟样板间的模型 shljz 上面添加一个动画控制器 Animator Control，打开动画控制器窗口，编辑动画状态机，设置一个 Trigger 类型的动画过渡条件 door，用来切换开关门动画，如图 16.13 和图 16.14 所示。

把 open 和 close 的动画片段的循环播放属性去掉，只播放一次，如图 16.15 所示。

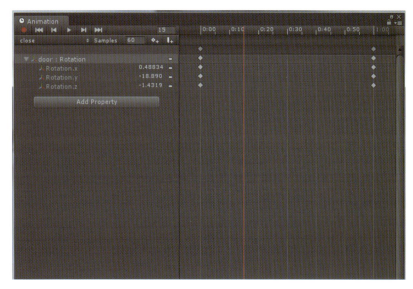

图 16.12　添加 Rotation 属性并设置关键帧

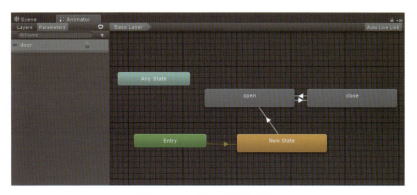

图 16.13　编辑动画状态机

图 16.14　设置过渡条件

图 16.15　去掉循环播放属性

在代码里实现准心点看着门，准心点加载完毕后执行开/关门动作。在 Awake 方法里，先找到虚拟样板间 shljz 对象，从它身上获取动画控制器组件 Animator，如图 16.16 所示。

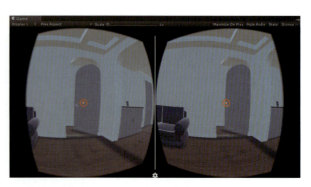

图 16.18　运行游戏效果

图 16.16　获取组件 Animator

在 Update 方法里，准心点加载完毕后，判断射线是否碰撞到 door，是的话通过动画控制器 SetTrigger 来播放开关门动画，如图 16.17 所示。

※ 16.4　室内漫游功能

在虚拟样板间实现漫游功能。准心点看着地板，准心点加载完毕后摄像机会移动到准心点的位置，以此来达到在样板间漫游的效果。

给可漫游的区域地板添加碰撞器 Collider 组件。选中地板模型，添加 Box Collider 组件，所有能移动到的地板模型的名字都要重命名为 floor（射线检测碰撞时要用到）。

在代码里添加漫游功能。在 Awake 里找到 VR 相机，如图 16.19 所示。

图 16.19　在 Awake 里找到 VR 相机

在 Update 方法里判断准心点是否看着地面，是否需要执行移动，把 VR 相机坐标设置为射线与地板碰撞点的坐标，如图 16.20 所示。

图 16.17　判断射线是否碰撞到 door

保存脚本，运行游戏，调整 CardboardMain 的位置，让准心点看着门，准心点加载完毕后门会自动打开，如图 16.18 所示。

图 16.20　判断准心点坐标

保存脚本，运行游戏，调整 CardboardMain 的旋转角度，让摄像机看着地面，测试室内漫游功能，如

图 16.21 所示。

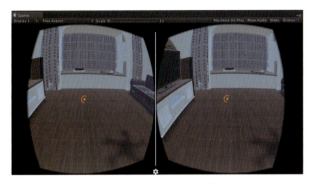

图 16.21　运行游戏后的效果

16.5　播放钢琴曲

功能介绍：准心点看着钢琴，播放、关闭钢琴曲。

（1）首先把 MP3 格式的钢琴曲导入到 Unity。给钢琴的琴键改名为 paino，同时给它加上碰撞器，让它可以被射线碰撞到，如图 16.22 所示。

图 16.22　给琴键加上碰撞器

（2）给 paino 添加一个 Audio Source 组件，用来控制声音播放。把 paino.mp3 文件拖到 Audio Source 组件上的 AudioClip 属性，然后把 "Play on Awake" 复选框勾掉，在代码里控制声音的播放，如图 16.23 所示。

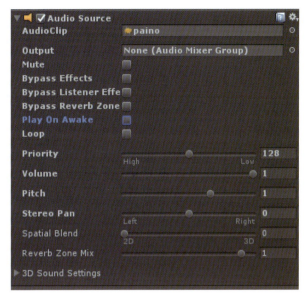

图 16.23　设置 paino 属性

（3）代码里实现功能。在 Awake 方法里，先找到 AudioSource 音频控制组件，如图 16.24 所示。

```
//找到音频播放组件
GameObject go2 = GameObject.Find("paino");
if (go2)
{
    audioSource = go.GetComponent<AudioSource>();
    if (!audioSource)
        Debug.Log("audioSource is not find");
}
```

图 16.24　AudioSource 音频控制组件

在 Update 里添加播放钢琴曲的代码，当音频处于播放时就关闭，处于关闭状态就播放，如图 16.25 所示。

```
//弹钢琴
else if (hit.collider.name == "paino")
{
    if (audioSource.isPlaying)
        audioSource.Stop();
    else
        audioSource.Play();
}
```

图 16.25　添加播放钢琴曲的代码

保存脚本，运行游戏，调整 CardboardMain 的旋转角度，让摄像机看着钢琴键。测试钢琴曲的播放并关闭。

16.6 开关电视

功能介绍：准心点看着电视，准心点加载完毕后，控制电视开关。视频播放功能这里用的是 EasyMovieTexture 插件。

首先把 EasyMovieTexture 插件导入到 Unity，如图 16.26 所示。

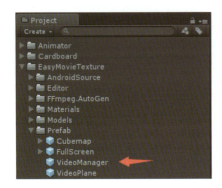

图 16.26 导入 EasyMovieTexture 插件到 Unity

在场景中找到电视屏幕，重命名为 TV，把 EasyMovieTexture 下面的 VideoManager 拖到 TV 下面，调整位置和大小，给 VideoManager 添加碰撞器，检测射线碰撞，如图 16.27 所示。

图 16.27 给 VideoManager 添加碰撞器

VideoManager 对象身上的 MediaPlayerCtrl.cs 脚本控制着视频播放的功能，可以控制视频的播放、暂停、停止、快进等。有几个属性需要说明，如图 16.28 所示。

Str File Name：播放的视频文件（视频文件需要放到 StreamingAssets 目录下才能被读取）。

B Auto Play：自动播放功能，勾选掉该复选框，在代码里控制视频播放。

图 16.28 VideoManager 对象上的脚本设置

在代码里控制视频播放功能。先在 Awake 方法里获取 MediaPlayerCtrl.cs 组件，如图 16.29 所示。

图 16.29 获取 MediaPlayerCtrl.cs 组件

在 Update 方法里，判断射线是否碰撞到电视，如果视频处于播放状态，则停止播放；与之相反，处于停止状态则播放视频，如图 16.30 所示。

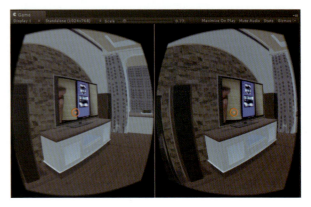

图 16.30 判断射线是否碰撞到电视代码

保存脚本，开始游戏，调整 CardboardMain 的旋转角度，让摄像机看着电视。测试电视的开机和关闭，如图 16.31 所示。

图 16.31 测试电视的开机和关闭效果

※ 16.7 交互物体添加发光效果

交互功能基本完成了，接下来给需要交互的物体（门、电视、钢琴）添加一个发光的特效，让它们与普通物品区分开来。

（1）选中房子模型对象 shljz，按 Ctrl+6 组合键打开动画编辑窗口，如图 16.32 所示，里面已经有前面创建的两个动画（门的开关）。

（2）通过图 16.33 所示新建一个动画片段，这里命名为 flash。

（3）在 flash 动画片段里添加模型门、电视、钢琴的 Mesh Renderer.Material._Color 属性到属性窗口，如图 16.34 所示。

（4）在 1 秒 60 帧的中间加一关键帧，把 r、g、b、a 这 4 个颜色值做些调整，让 1 秒颜色有个过渡变化的过程，如图 16.35 所示。

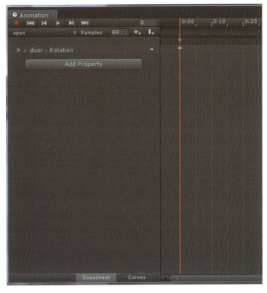

图 16.32　打开动画编辑窗口

图 16.33　新建动画片段

图 16.34　添加交互物体的 Mesh Renderer. Meterial._Color 属性到属性窗口

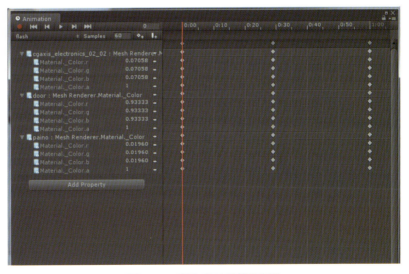

图 16.35　添加关键帧并作调整

（5）设置好动画关键帧后，打开动画控制器窗口，为了不和开门的动作冲突，这里通过"+"号新建一个动画控制层，命名为 flash，如图 16.36 所示。

创建好动画层后设置下层的属性，单击齿轮图标，把 Weight 属性设置为 1，然后把前面创建的 flash 动画片段拖到动画控制器窗口，Entry 会自动连接 flash，如图 16.37 所示。

图 16.36　新建动画控制层

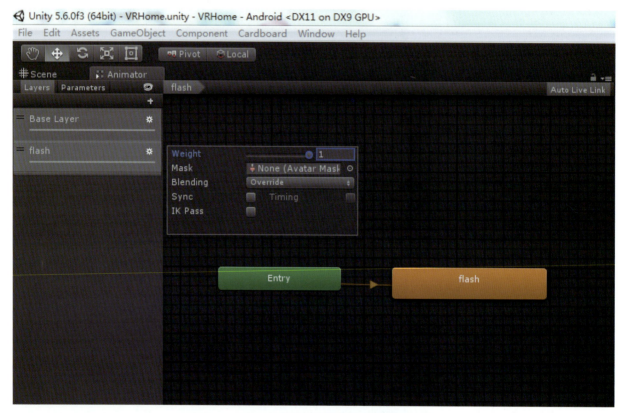

图 16.37　将 flash 动画片段拖曳到动画控制器窗口

（6）运行游戏并测试效果，门、电视、钢琴都会自动执行发光的特效，如图 16.38 所示。

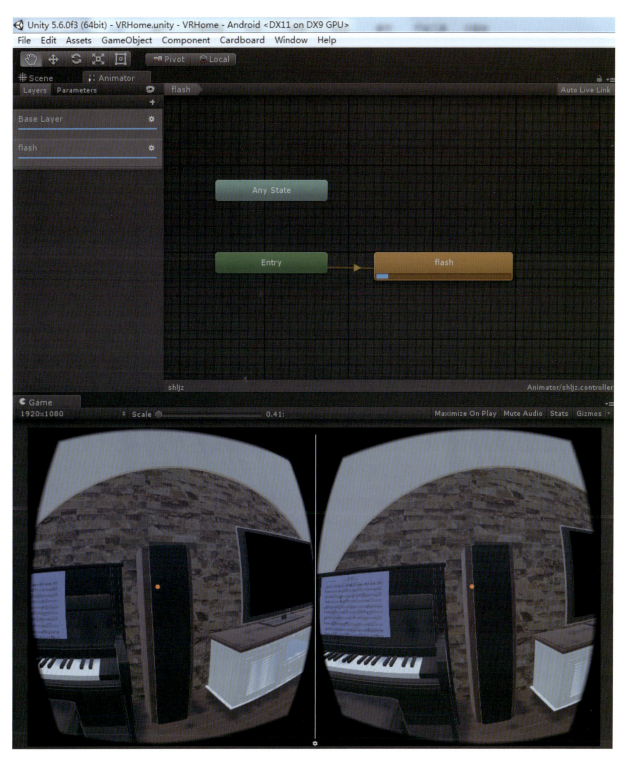

图 16.38　运行游戏查看效果

※ 16.8 打包发布

所有的功能都完成了，接着保存场景，打包发布到 Android 平台，测试真机效果。出 Android 包前面的教程已经介绍了，这里就不详细说明了。

手机上的测试效果如图 16.39 和图 16.40 所示。

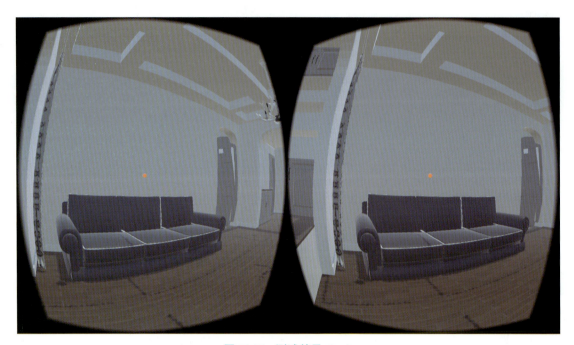

图 16.39　测试效果（一）

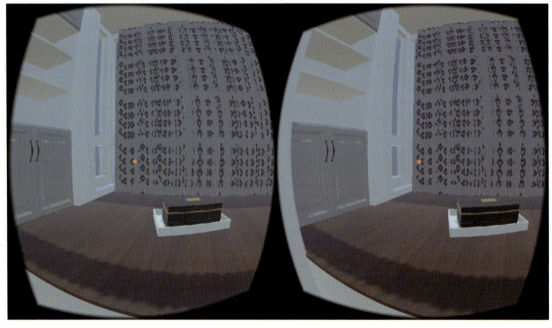

图 16.40　测试效果（二）